1 数

1000までの 数①

べんきょうした 日
月

できたね シールを はろう。

うんこは 何こ ありますか。

{　　　　}

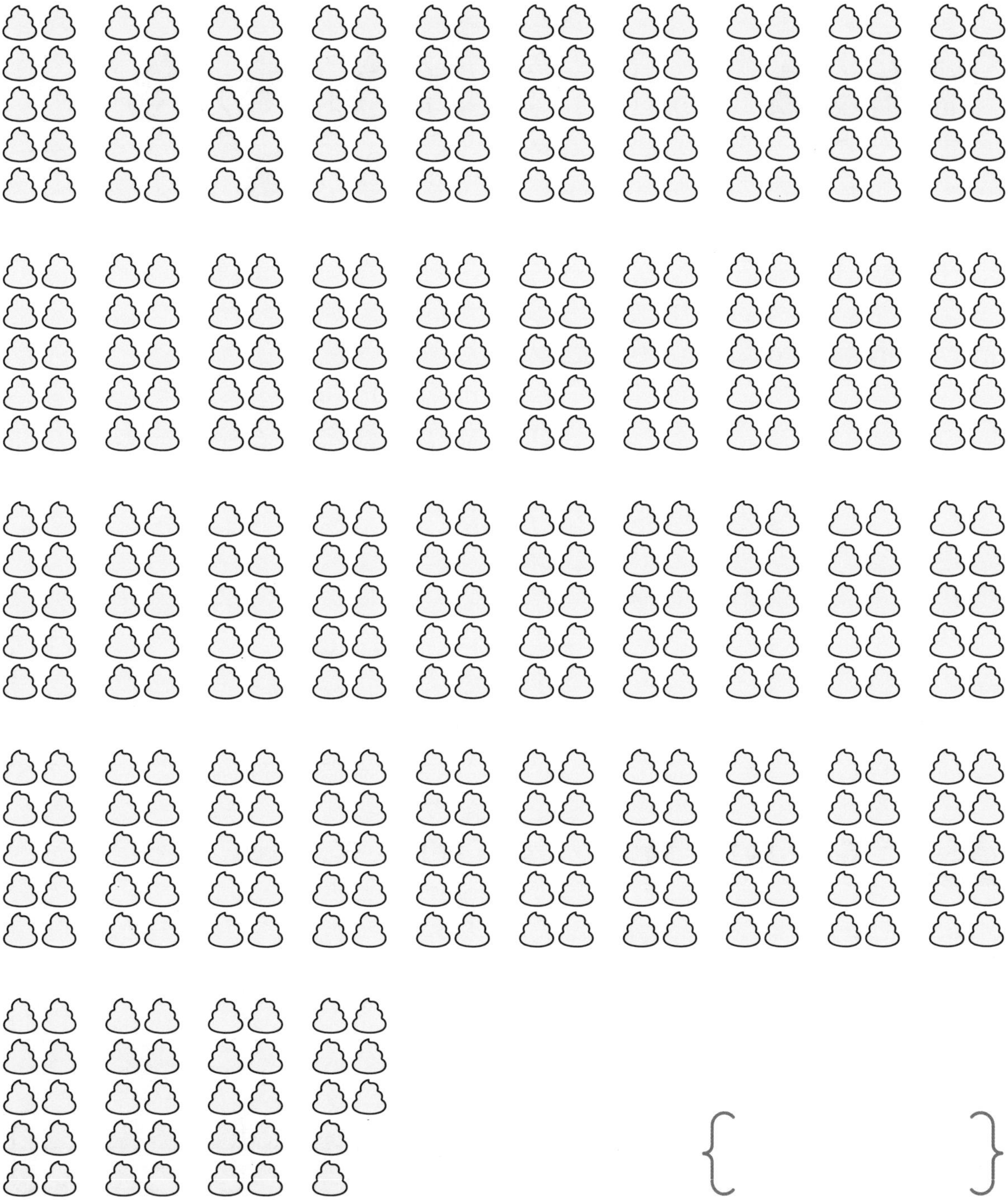

1000までの 数②

べんきょうした 日 月 日

できたね シールを はろう。

1 下の 絵を 見て，□や〔 〕に あう 数を 書きましょう。

①

100が □

10が □

1が □

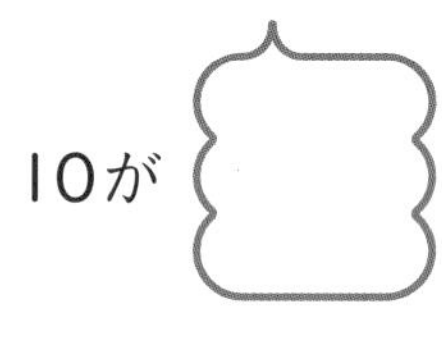

ぜんぶで〔 〕

②

100が □

1が □

ぜんぶで〔 〕

2 つぎの 数を 数字で 書きましょう。

① 三百二十七〔 〕 

② 八百九十〔 〕 

③ 六百一〔 〕 

④ 四百〔 〕 

1000までの 数③

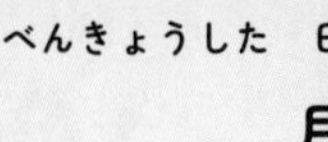
べんきょうした 日
月
日

1 □に あう 数を 書きましょう。

① 100を 3こ，10を 1こ，1を 5こ あわせた 数は，

 です。

② 100を 7こ，1を 8こ あわせた 数は， です。

③ 634は，100を □こ，10を □こ，1を □こ あわせた 数です。

④ 920は，100を □こ，10を □こ あわせた 数です。

2 □に あう 数を 書きましょう。

① 10を 13こ あつめた 数は □です。

② 10を 60こ あつめた 数は □です。

③ 280は，10を □こ あつめた 数です。

④ 700は，10を □こ あつめた 数です。

1000までの　数④

べんきょうした　日
月
日

できたね
シールを
はろう。

 ▼が　さす　数を　□に　書きましょう。

①
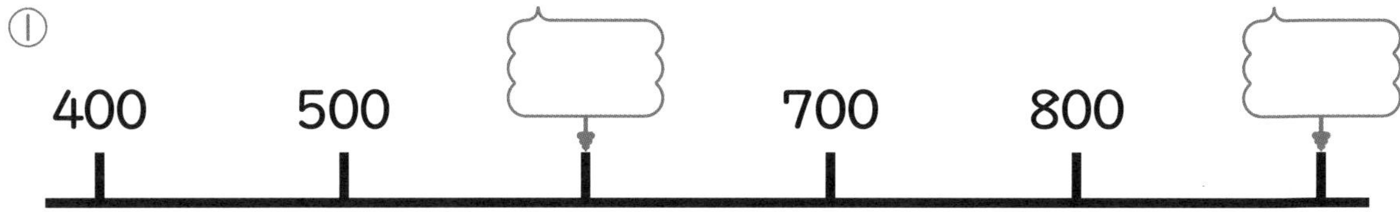

②

③

④

⑤
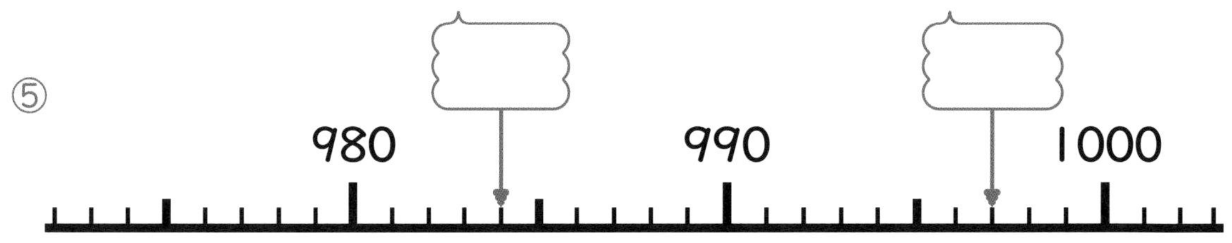

1000までの 数(かず)⑤

べんきょうした 日
月
日

できたね
シールを
はろう。

に あう 数(かず)を 書(か)きましょう。

①  は，を 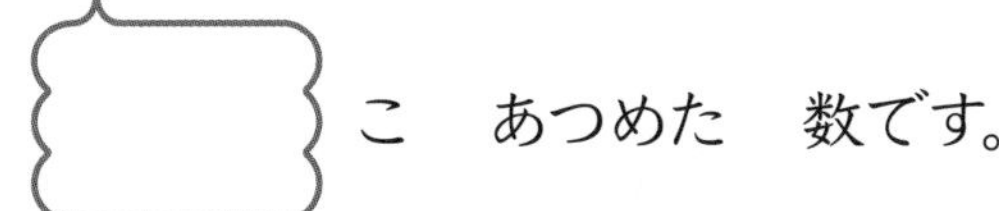 こ あつめた 数です。

②  は，を こ あつめた 数です。

2 に あう 数を 書きましょう。

① 600は， あと で 1000に なります。

② 930は， あと で 1000に なります。

③ 1000より 200 小さい 数は， です。

④ 1000より 80 小さい 数は， です。

⑤ 1000より 5 小さい 数は， です。

⑥ 1000より 1 小さい 数は， です。

6 数

1000までの　数⑥

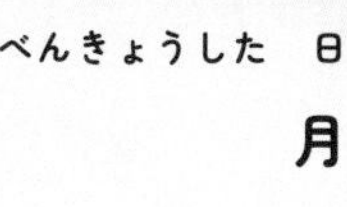

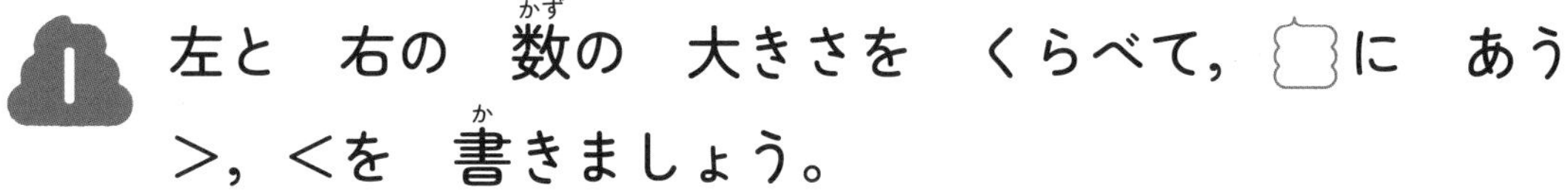

1 左と　右の　数の　大きさを　くらべて，□に　あう
＞，＜を　書きましょう。

① 600 □ 900　　② 508 □ 346

③ 297 □ 279　　④ 95 □ 104

⑤ 636 □ 631　　⑥ 819 □ 822

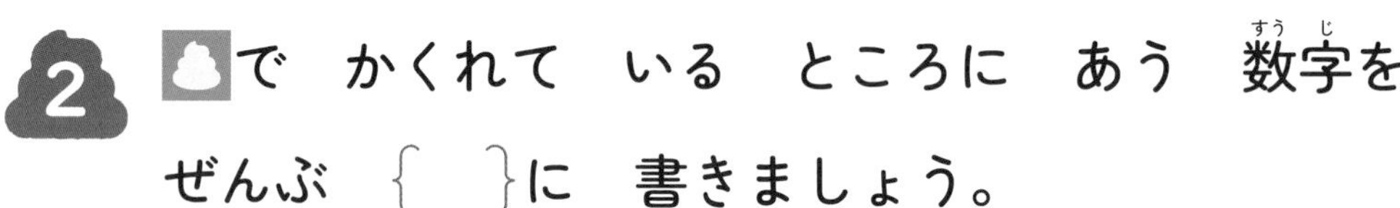

2 ■で　かくれて　いる　ところに　あう　数字を
ぜんぶ｛　｝に　書きましょう。

① ■70 ＞ 670

｛　　　　｝

② ■23 ＜ 523

｛　　　　｝

③ 985 ＜ 98■

｛　　　　｝

④ 461 ＞ 4■1

｛　　　　｝

うんこドリル

東京大学との共同研究で学力向上・学習意欲向上が実証されました！

① 学習効果UP!

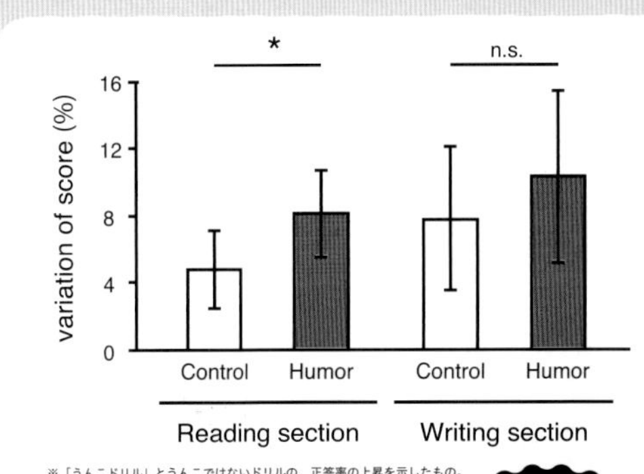

※「うんこドリル」とうんこではないドリルの、正答率の上昇を示したもの。
Control＝うんこではないドリル ／ Humor＝うんこドリル
Reading section＝読み問題 ／ Writing section＝書き問題

オレンジのグラフがうんこドリルの学習効果なのじゃ！

うんこドリルで学習した場合の成績の上昇率は、うんこではないドリルで学習した場合と比較して約60%高いという結果になったのじゃ！

② 学習意欲UP!

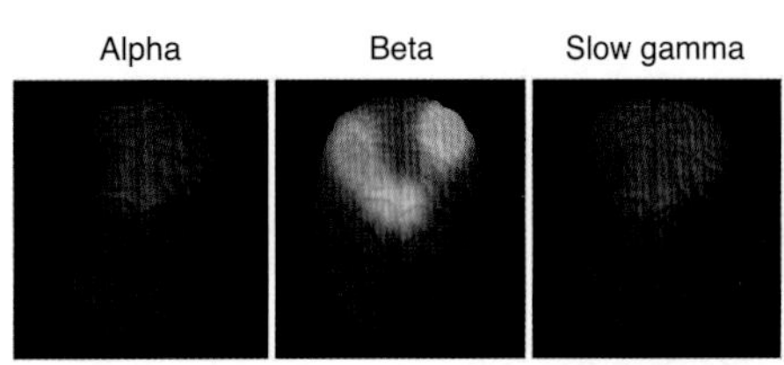

※「うんこドリル」とうんこではないドリルの閲覧時の、脳領域の活動の違いをカラーマップで表したもの。左から「アルファ波」「ベータ波」「スローガンマ波」。明るい部分ほど、うんこドリル閲覧時における脳波の動きが大きかった。

明るくなっているところが、うんこドリルが優位に働いたところなのじゃ！

うんこドリルで学習した場合「記憶の定着」に効果的であることが確認されたのじゃ！

共同研究　**東京大学薬学部　池谷裕二教授**

1998年に東京大学にて薬学博士号を取得。2002～2005年にコロンビア大学（米ニューヨーク）に留学をはさみ、2014年より現職。専門分野は神経生理学で、脳の健康について探究している。また、2018年よりERATO脳AI融合プロジェクトの代表を務め、AIチップの脳移植による新たな知能の開拓を目指している。
文部科学大臣表彰 若手科学者賞（2008年）、日本学術振興会賞（2013年）、日本学士院学術奨励賞（2013年）などを受賞。

著書：『海馬』『記憶力を強くする』『進化しすぎた脳』
論文：Science 304:559、2004、同誌 311:599、2011、同誌 335:353、2012

先生のコメントはウラへ

考察　池谷裕二教授より

教育において、ユーモアは児童・生徒を学習内容に注目させるために広く用いられます。先行研究によれば、ユーモアを含む教材では、ユーモアのない教材を用いたときよりも学習成績が高くなる傾向があることが示されていました。これらの結果は、ユーモアによって児童・生徒の注意力がより強く喚起されることで生じたものと考えられますが、ユーモアと注意力の関係を示す直接的な証拠は示されてきませんでした。そこで本研究では９～10歳の子どもを対象に、電気生理学的アプローチを用いて、ユーモアが注意力に及ぼす影響を評価することとしました。

本研究では、ユーモアが脳波と記憶に及ぼす影響を統合的に検討しました。心理学の分野では、ユーモアが学習促進に役立つことが提唱されていますが、ユーモアが学習における集中力にどのような影響を与え、学習を促すのかについてはほとんど知られていません。しかし、記憶のエンコーディングにおいて遅いγ帯域の脳波が増加することが報告されていることと、今回我々が示した結果から、ユーモアは遅いγ波を増強することで学習促進に有用であることが示唆されます。
さらに、ユーモア刺激によるβ波強度の増加も観察されました。β波の活動は視覚的注意と関連していることが知られていること、集中力の程度は体の動きで評価できることから、本研究の結果からは、ユーモアがβ波強度の増加を介して集中度を高めている可能性が考えられます。

これらの結果は、ユーモアが学習に良い影響を与えるという instructional humor processing theory を支持するものです。

※ J. Neuronet., 1028:1-13, 2020　http://neuronet.jp/jneuronet/007.pdf

東京大学薬学部　池谷裕二教授

できたねシール

すきな シールを　はりましょう。

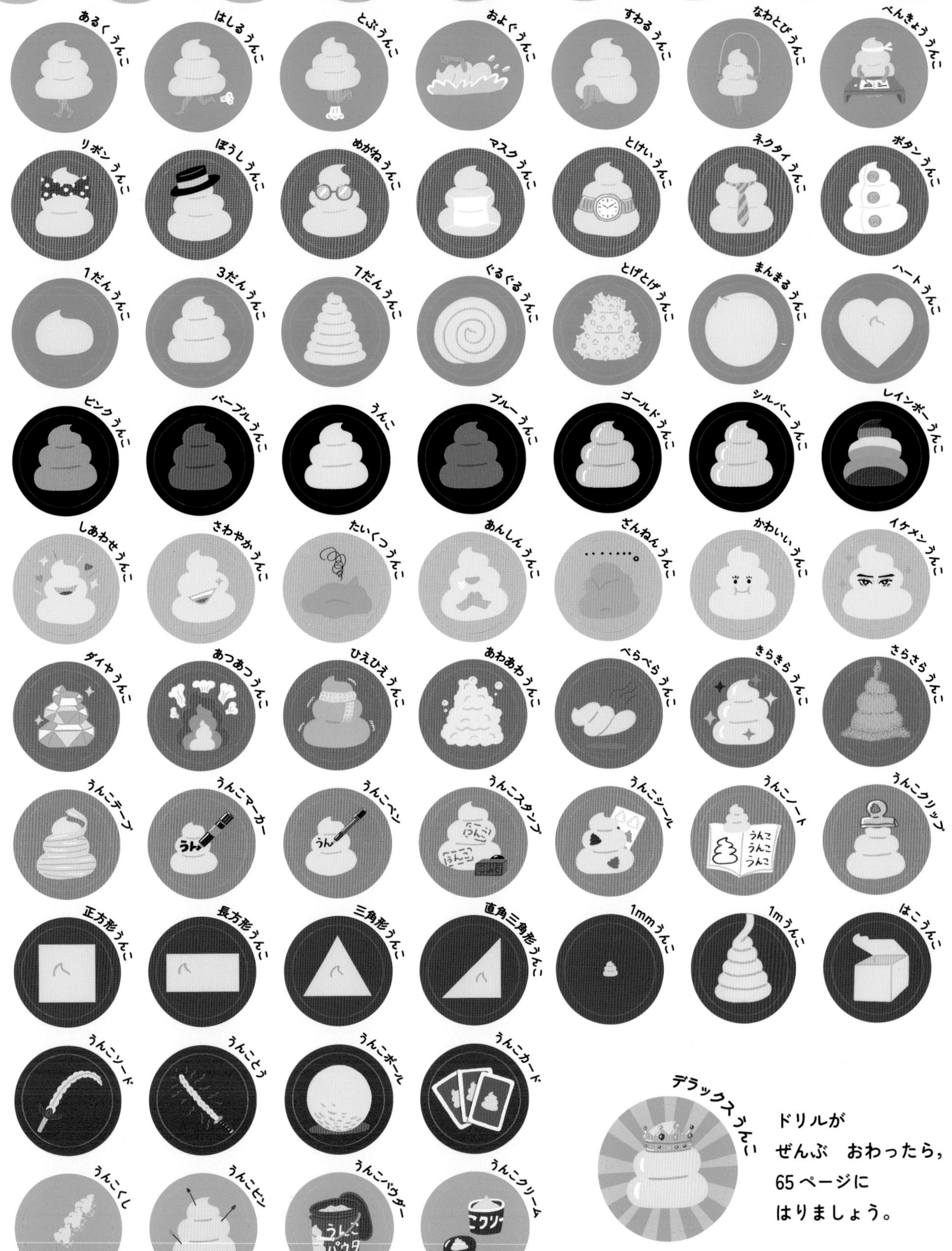

ドリルが
ぜんぶ　おわったら，
65 ページに
はりましょう。

10000までの　数（かず）①

べんきょうした　日
月
日

できたね
シールを
はろう。

うんこは　何（なん）こ　ありますか。

（　　　　）

10000までの 数②

べんきょうした 日
月
日

できたね シールを はろう。

1 下の 絵を 見て，▭や ｛ ｝に あう 数を 書きましょう。

①

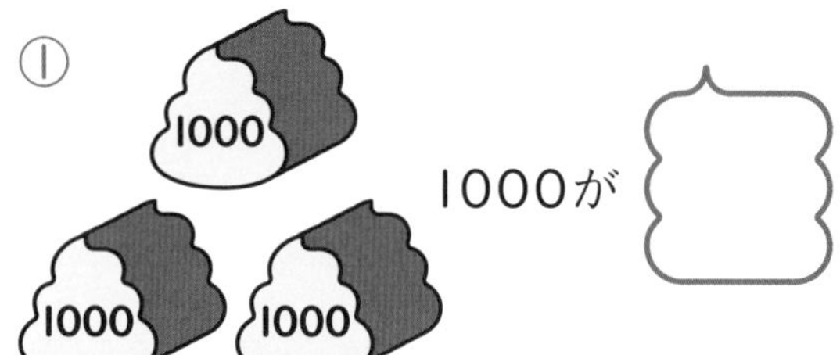

1000が ▭

100が ▭

10が ▭

1が ▭

ぜんぶで ｛ ｝

②

1000が ▭

100が ▭

ぜんぶで ｛ ｝

2 つぎの 数を 数字で 書きましょう。

① 五千七百九十三 ｛ ｝

② 八千 ｛ ｝

③ 二千五十 ｛ ｝

④ 千六 ｛ ｝

10000までの　数③

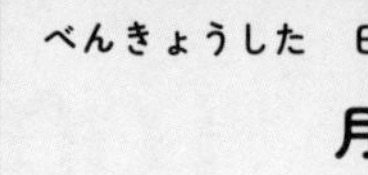

1 □に　あう　数を　書きましょう。

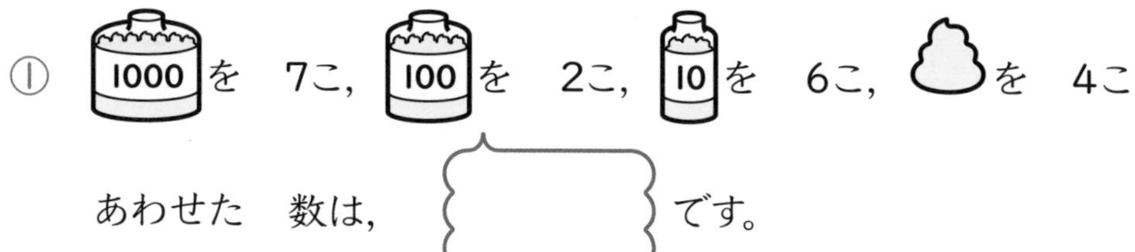

① 1000を　7こ，100を　2こ，10を　6こ，□を　4こ

あわせた　数は，□です。

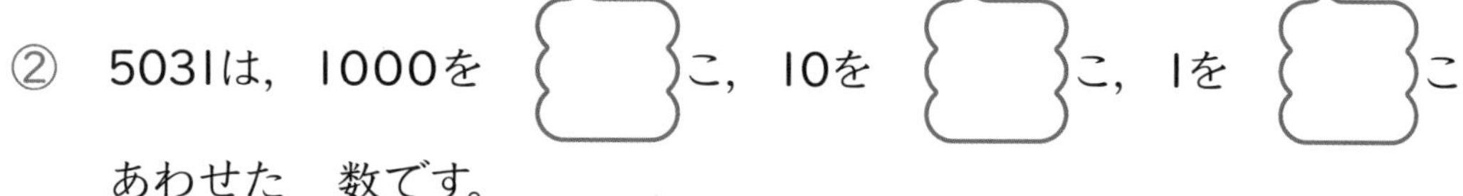

② 5031は，1000を□こ，10を□こ，1を□こ

あわせた　数です。

③ 9080は，1000を□こ，10を□こ　あわせた　数です。

2 □に　あう　数を　書きましょう。

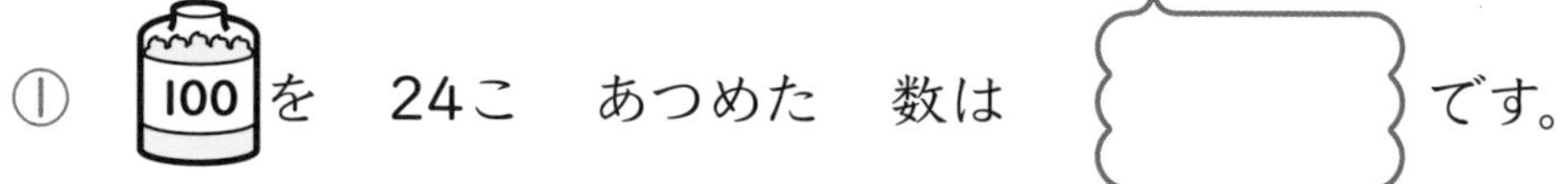

① 100を　24こ　あつめた　数は□です。

② 100を　90こ　あつめた　数は□です。

③ 4700は，　100を□こ　あつめた　数です。

④ 6000は，　100を□こ　あつめた　数です。また，

1000を□こ　あつめた　数です。

10000までの 数（かず）④

べんきょうした日 月 日

が さす 数（かず）を に 書（か）きましょう。

①
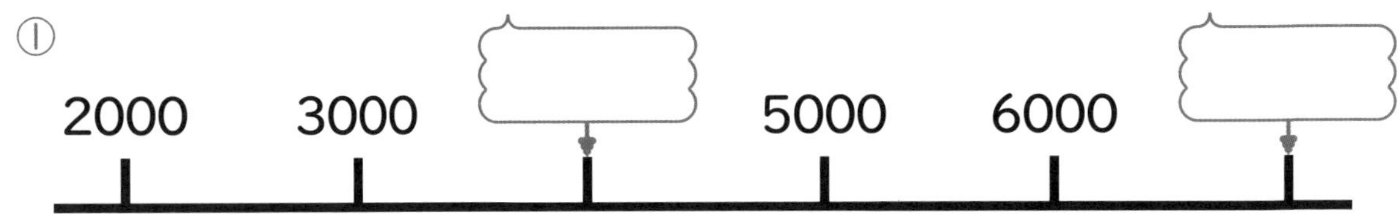

②
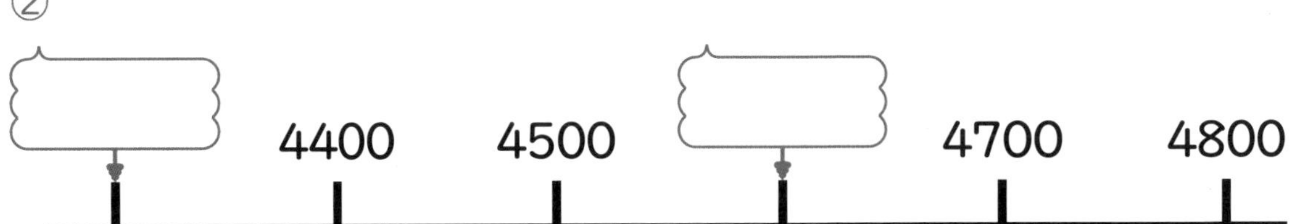

③

④
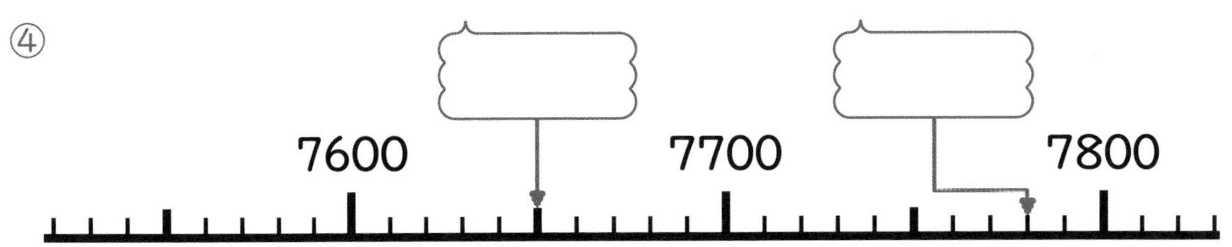

⑤
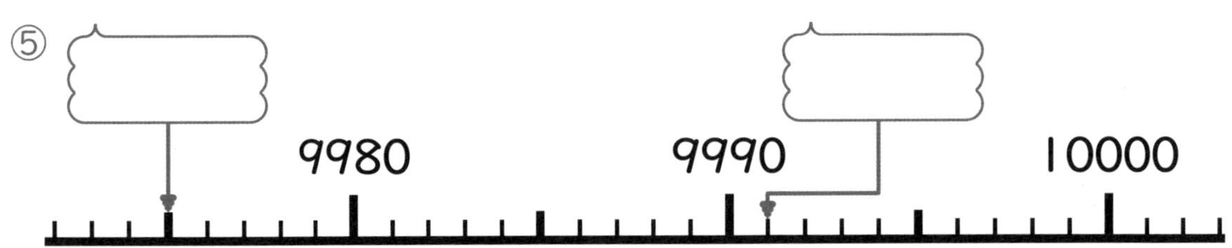

10000までの 数⑤

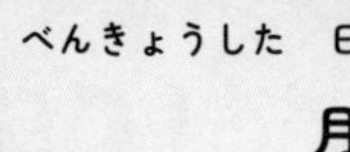
べんきょうした 日 月 日

できたね シールを はろう。

1 ▢に あう 数を 書きましょう。

① は，を こ あつめた 数です。

② は，を こ あつめた 数です。

2 ▢に あう 数を 書きましょう。

① 7000は，あと で 10000に なります。

② 9600は，あと で 10000に なります。

③ 2000より 800 小さい 数は，▢です。

④ 10000より 50 小さい 数は，です。

⑤ 10000より 1 小さい 数は，です。

10000までの 数⑥

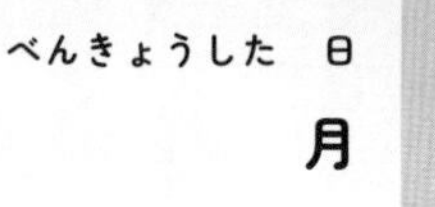

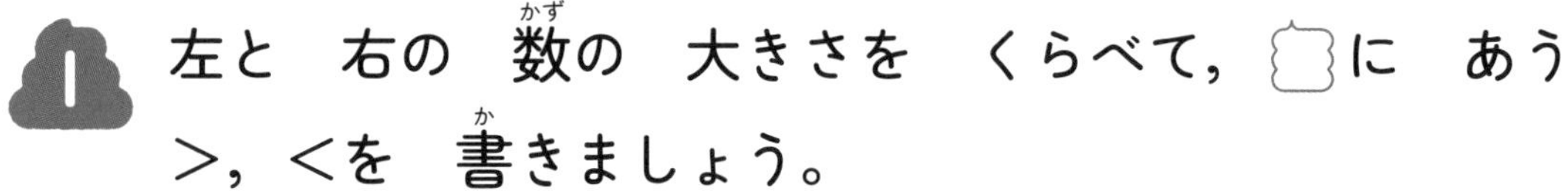

1 左と 右の 数の 大きさを くらべて，□に あう
＞，＜を 書きましょう。

① 2000 □ 3000　　② 1100 □ 1900

③ 6530 □ 6510　　④ 7291 □ 7296

⑤ 4000 □ 3997　　⑥ 8818 □ 8188

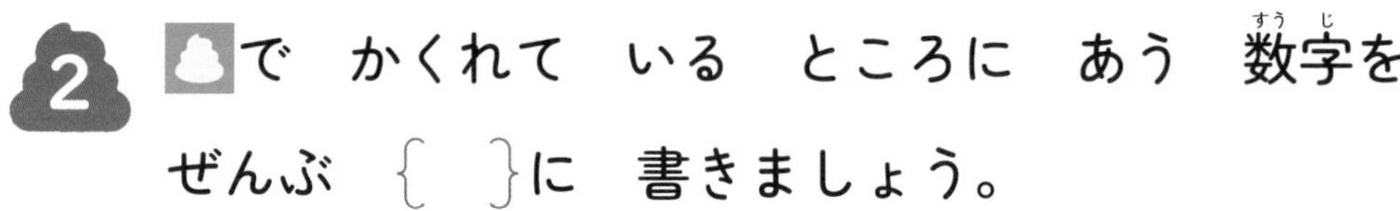

2 ■で かくれて いる ところに あう 数字を
ぜんぶ ｛　｝に 書きましょう。

① 6713 ＜ 6■13

｛　　　　｝

② 5286 ＞ ■286

｛　　　　｝

③ 91■0 ＞ 9140

｛　　　　｝

④ 240■ ＜ 2403

｛　　　　｝

分数①

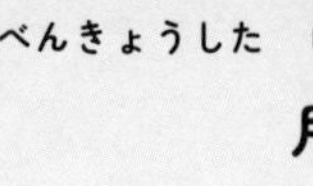

1 下の　色の　ついた　ところは，もとの　大きさの　何分の一ですか。分数で　答えましょう。

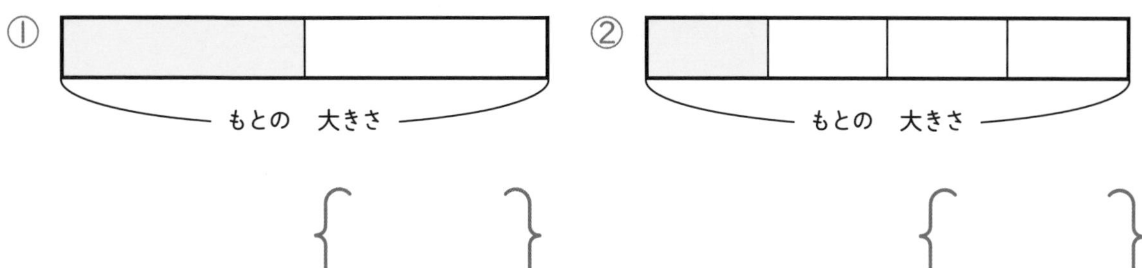

2 下の　色の　ついた　ところを　いくつ　あつめると，もとの　大きさに　なりますか。

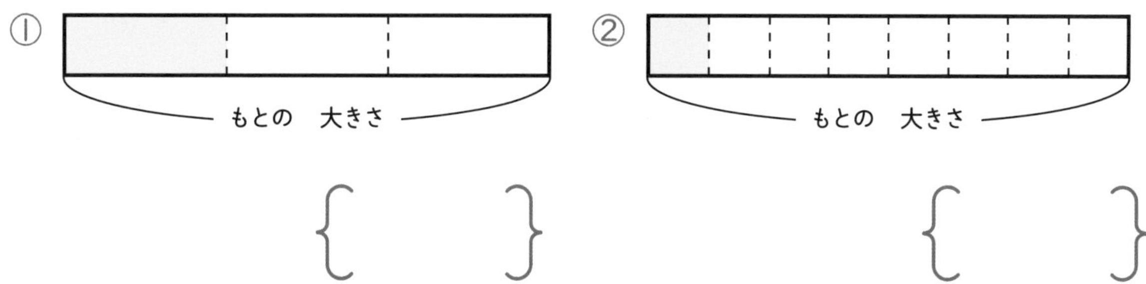

3 12この　が　あります。

① 12この　$\frac{1}{2}$は　何こですか。〔　　　〕

② 12この　$\frac{1}{3}$は　何こですか。〔　　　〕

分数②

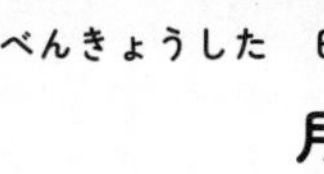

1 色の ついた ところが，もとの 大きさの $\frac{1}{2}$ に なって いる ものを ぜんぶ えらんで，記ごうで 答えましょう。

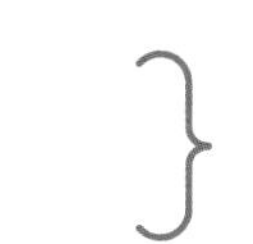

あ

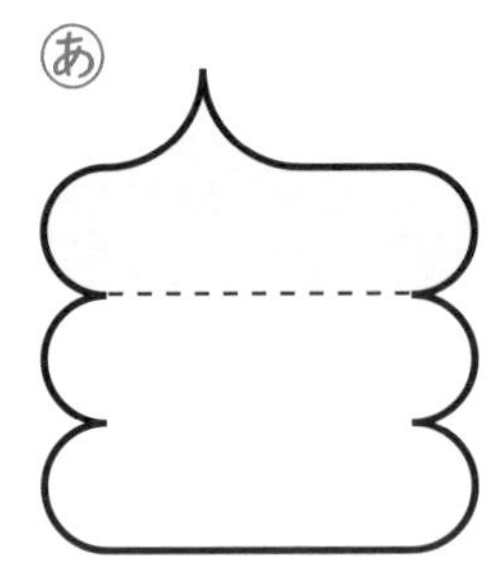

い

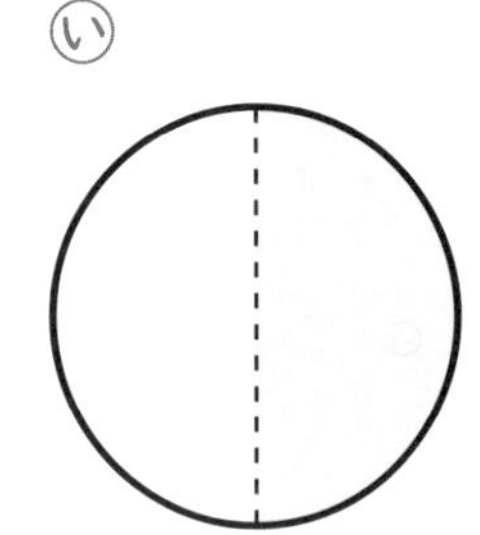

う

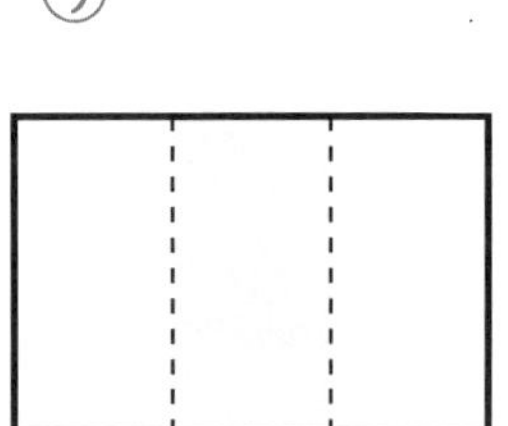

え

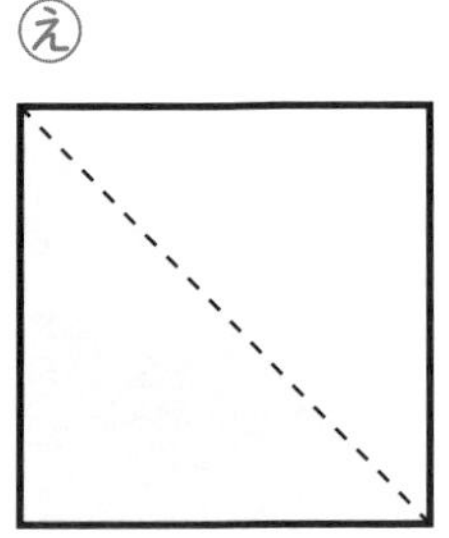

2 色の ついた ところは，もとの 大きさの 何分の一ですか。分数で 答えましょう。

①

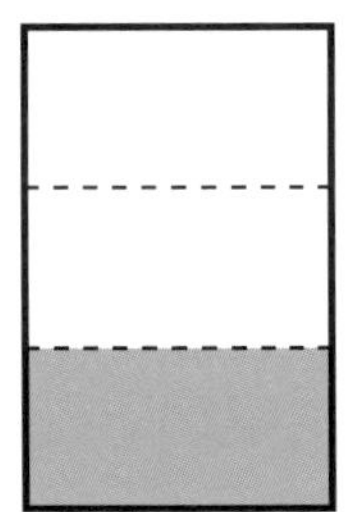

②

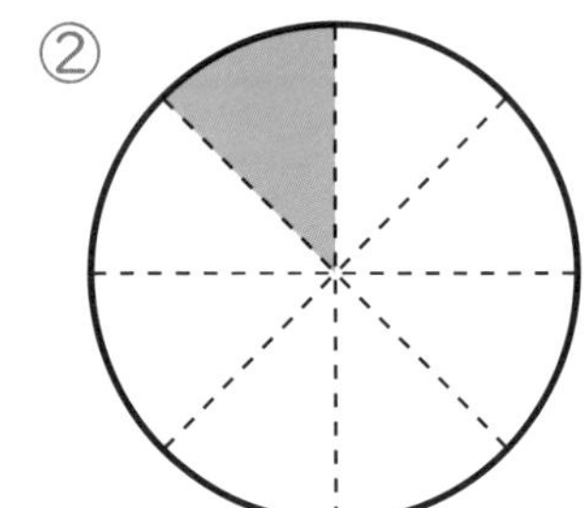

3 もとの 大きさの $\frac{1}{4}$ だけ 色を ぬりましょう。

①

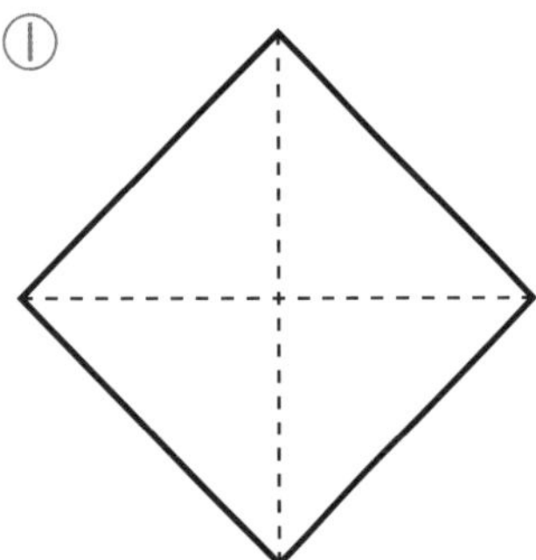

②

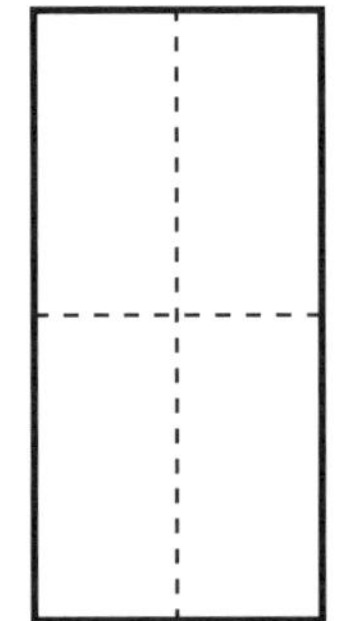

③

時こくと　時間①

べんきょうした　日
月
日

時こくの　あらわし方

昼の　12時の
ことを　正午と
いうのじゃよ。

おきる　　きゅう食を食べる　　ねる

0　1　2　3　4　5　6　7　8　9　10　11　12　　　　　　　　　　　　　　0
12　　　　　　　　　　　　　　　　　　　　0　1　2　3　4　5　6　7　8　9　10　11　12

午前　　正午　　午後

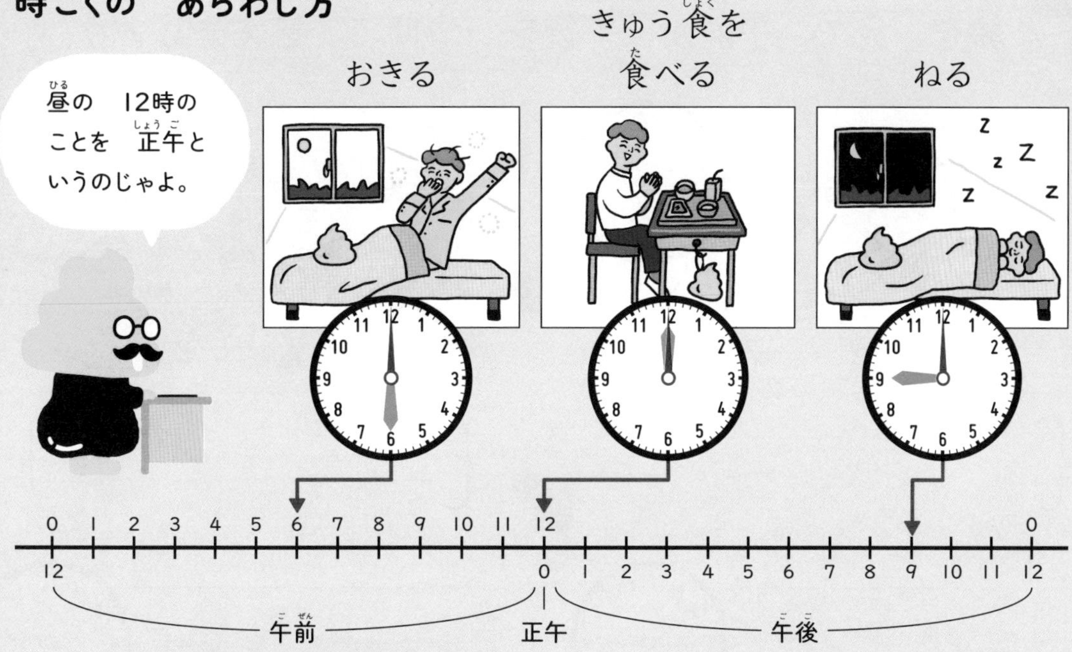

1日は，正午の　前と　後で，午前と　午後に　分けられます。

1　時こくは　何時何分ですか。時計を　見て　｛　｝に
書きましょう。絵を　見て，午前か　午後かも　答えましょう。

①｛　　　　　　｝　　②｛　　　　　　｝

16 たんい

時こくと　時間②

べんきょうした　日
月
日

1 ある　1日の　ようすです。時こくは　何時何分ですか。
絵を　見て，午前か　午後を　つけて　答えましょう。

①
[　　　　　　　　]

②
[　　　　　　　　]

③
[　　　　　　　　]

④
[　　　　　　　　]

⑤
[　　　　　　　　]

⑥
[　　　　　　　　]

時こくと　時間③

べんきょうした日　月　日

できたね シールを はろう。

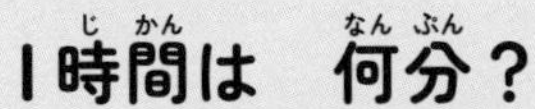

午後3時

午後4時

長い　はりは　ひと回りで　60めもり　すすむのじゃ。

1時間＝60分

長い　はりが　ひと回りする　時間は　1時間です。

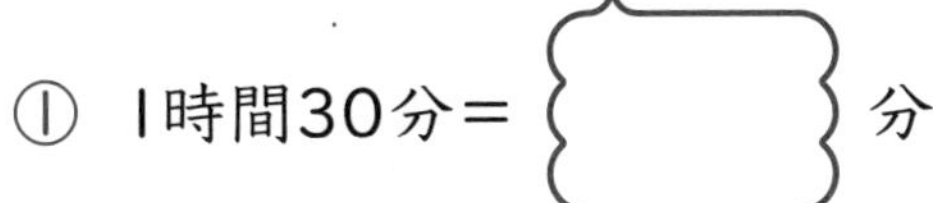

② 80分＝　時間　分

③ 1時間15分＝　分

④ 65分＝　時間　分

時こくと　時間④

べんきょうした　日
月
日

できたね シールを はろう。

1 □に　あう　数を　書きましょう。

① 午前は　□時間，　午後は　□時間です。

② 1日は　□時間です。

2 □に　あう　数を　書きましょう。

① 1時間25分＝□分

② 1時間40分＝□分

③ 2時間＝□分

④ 70分＝□時間□分

⑤ 95分＝□時間□分

⑥ 110分＝□時間□分

1時間＝60分を
もとに　考えるのじゃ。

19 たんい　時こくと　時間⑤

べんきょうした　日
月
日

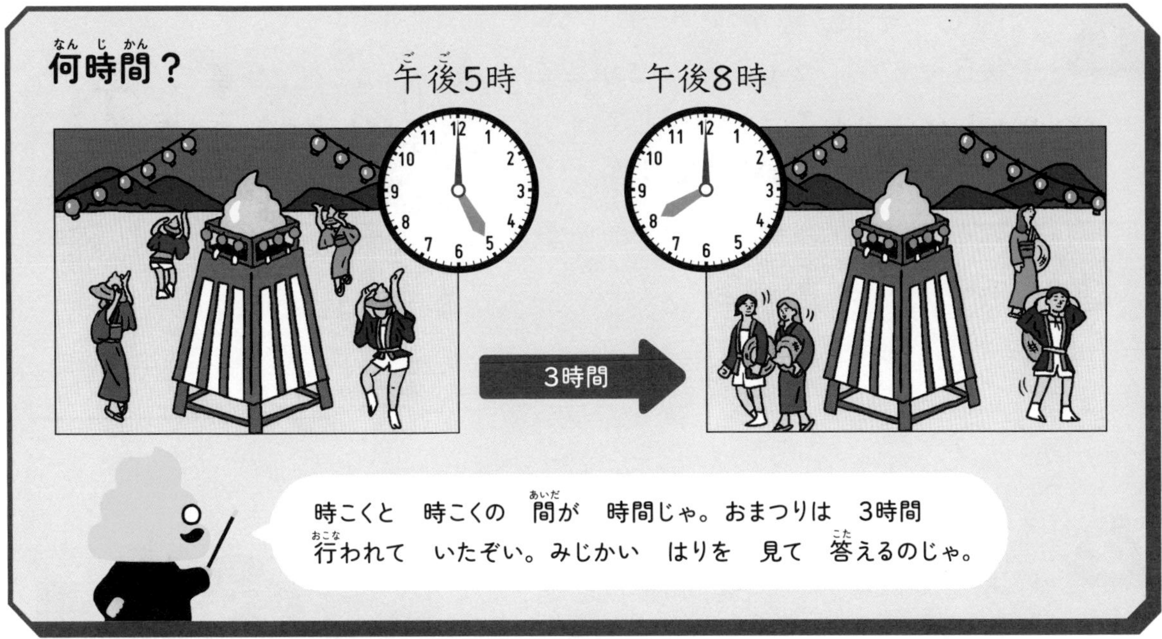

何時間？
午後5時
午後8時
3時間
時こくと　時こくの　間が　時間じゃ。おまつりは　3時間
行われて　いたぞい。みじかい　はりを　見て　答えるのじゃ。

1 左の　時こくから　右の　時こくまでは　何時間ですか。

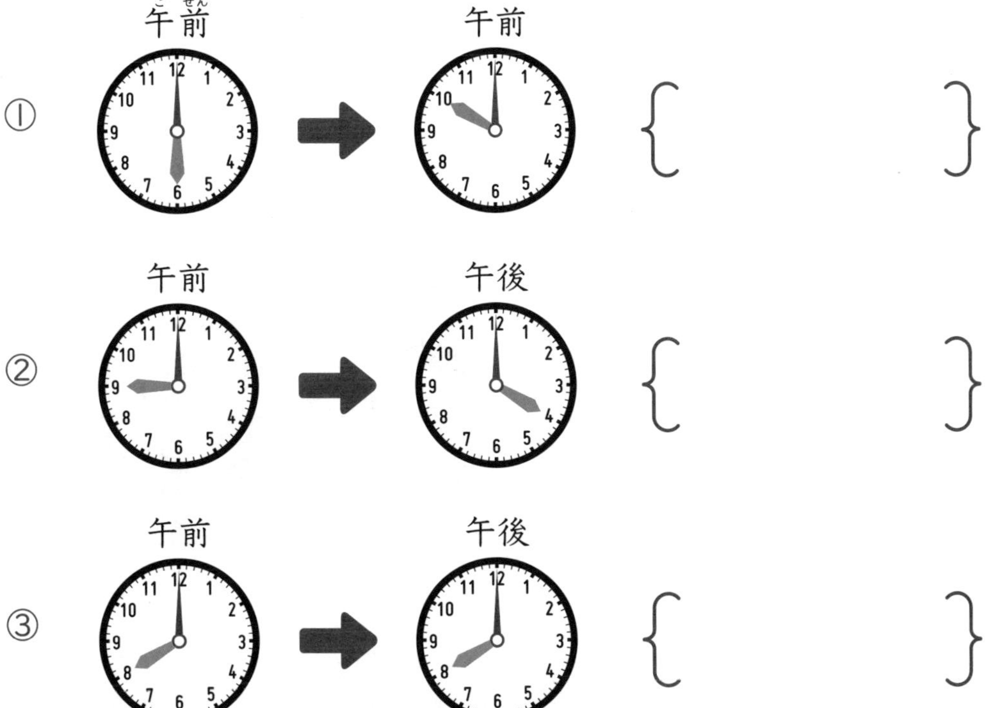

〔　　　　〕
〔　　　　〕
〔　　　　〕

20
たんい

時こくと　時間⑥

べんきょうした日　月　日

1 公園で　午後3時から
午後5時まで　うんこを　さがして
いました。うんこを　さがして
いた　時間は　何時間ですか。

答え ＿＿＿＿＿＿＿＿

2 うんこを　きれいに　みがいて
います。午前11時から　はじめて，
午後2時に　ぴかぴかに　なりました。
ぴかぴかに　なるまでの　時間は
何時間でしたか。

答え ＿＿＿＿＿＿＿＿

3 お父さんは　午前7時から
午後9時まで　ずっと　うんこを
して　いました。お父さんが
うんこを　して　いた　時間は
何時間ですか。

答え ＿＿＿＿＿＿＿＿

時こくと　時間 ⑦

べんきょうした　日
月
日

できたね シールを はろう。

何分？
午前10時
午前10時20分
20分
電車に　20分　のって　いたぞい。
長い　はりに　ちゅう目じゃ。

1 左の　時こくから　右の　時こくまでは　何分ですか。

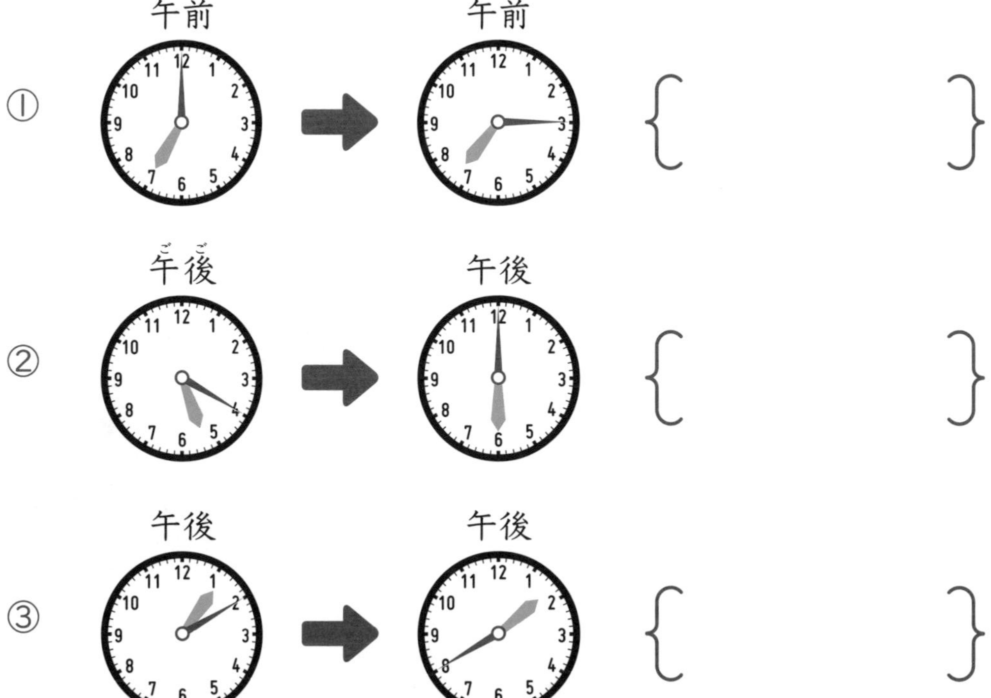

（　　　　　）

（　　　　　）

（　　　　　）

時こくと 時間 ⑧

べんきょうした 日 月 日

できたね シールを はろう。

1 ちらかった うんこの かたづけを
午後6時から はじめて,
午後6時50分に おわりました。
かたづけを して いた 時間は
何分ですか。

答え ＿＿＿＿＿＿

2 たけしくんは, 午前9時30分に
家を 出ぱつして, 午前10時に
うんこプールに とうちゃくしました。
かかった 時間は 何分ですか。

答え ＿＿＿＿＿＿

3 午後2時20分から 午後2時45分まで
うんこが 空から ふって いました。
うんこが ふって いた 時間は
何分ですか。

答え ＿＿＿＿＿＿

時こくと　時間 ⑨

べんきょうした　日　月　日

できたね シールを はろう。

何時間前と　何時間後

午後6時　← 1時間前　午後7時　1時間後 →　午後8時

何時間前と　何時間後の　時こくは，　みじかい　はりが　どれだけ　うごいて　いるかを　見ると　よいぞい。

1 つぎの　時こくの　1時間前と　1時間後を　答えましょう。

① 午前8時30分

1時間前 {　　　　} 1時間後 {　　　　}

② 午後3時45分

1時間前 {　　　　} 1時間後 {　　　　}

24 たんい　時こくと　時間⑩

べんきょうした日　月　日

1 午前7時から　うんこを　じっと　見て　いて，
気づいたら　2時間　たって　いました。
見おわったのは　午前何時ですか。

答え ＿＿＿＿＿＿＿＿

2 テレビ番組「今日の　うんこ」が
午後9時10分に　おわりました。
番組が　はじまったのは　3時間前でした。
はじまったのは　午後何時何分ですか。

答え ＿＿＿＿＿＿＿＿

3 おじいちゃんが　4時間前から
ずっと　うんこの　数を　数えて
います。今，午前11時20分です。
数えはじめたのは　何時何分ですか。
午前か　午後を　つけて　答えましょう。

答え ＿＿＿＿＿＿＿＿

時こくと　時間 ⑪

べんきょうした　日
月
日

何分前と　何分後

10分前　　10分後

午後2時50分　　午後3時　　午後3時10分

長い　はりが　どれだけ　うごいて　いるかを　よく
見て，何分前と　何分後の　時こくを　答えるのじゃ。

つぎの　時こくの　20分前と　20分後を　答えましょう。

① 午前9時30分

20分前 {　　　　　　} 20分後 {　　　　　　}

② 午後7時15分

20分前 {　　　　　　} 20分後 {　　　　　　}

26 たんい 時こくと　時間 ⑫

べんきょうした日　月　日

できたね シールを はろう。

午前10時20分から，うんこ図かんを
15分　見て　いました。図かんを
見おわったのは　午前何時何分ですか。

答え ＿＿＿＿＿＿＿＿

2

こういちくんは　うんこを　30分
がまんしながら　歩いて　います。
今，午後1時35分です。
午後何時何分から　うんこを
がまんして　いますか。

答え ＿＿＿＿＿＿＿＿

3

午前8時40分に　風船に　うんこを　ぶら下げて
空に　とばしました。20分　たって，
うんこだけが　おちて　きました。
うんこが　おちて　きたのは
何時ですか。午前か　午後を
つけて　答えましょう。

答え ＿＿＿＿＿＿＿＿

長(なが)さ ①

べんきょうした　日
月
日

できたね シールを はろう。

1 長(なが)さを　答(こた)えましょう。

①

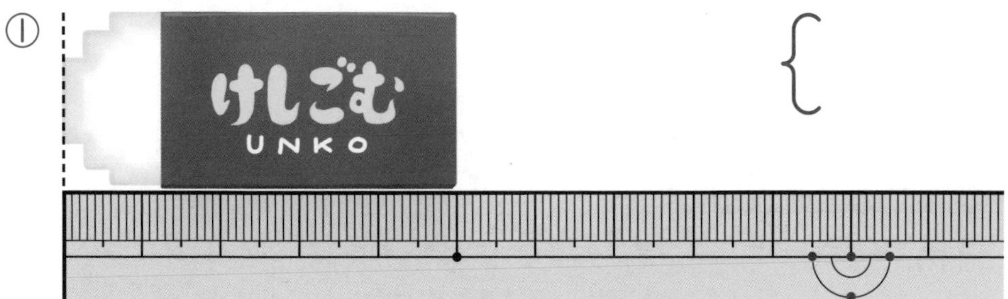

{　　　　}

②

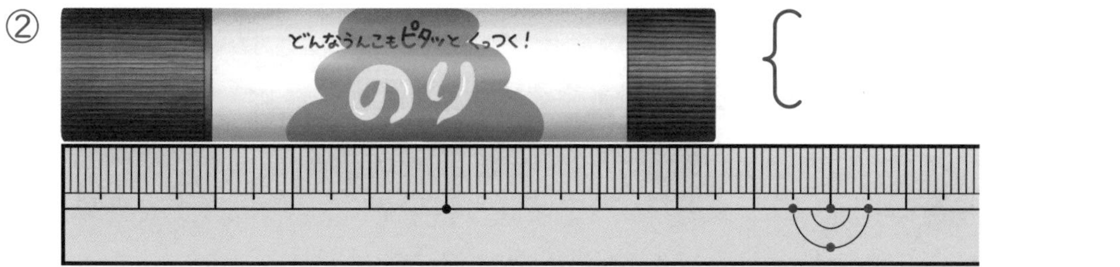

{　　　　}

③

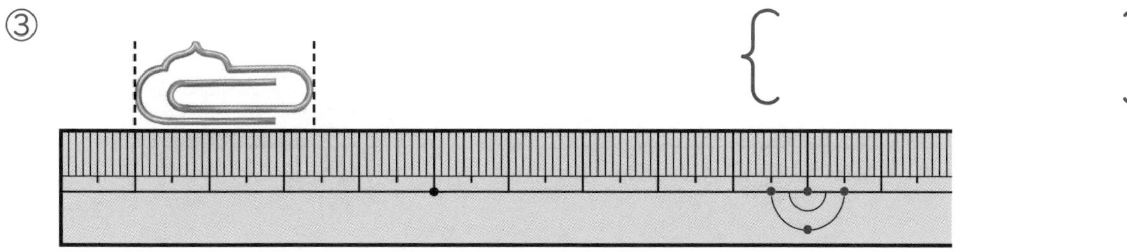

{　　　　}

④

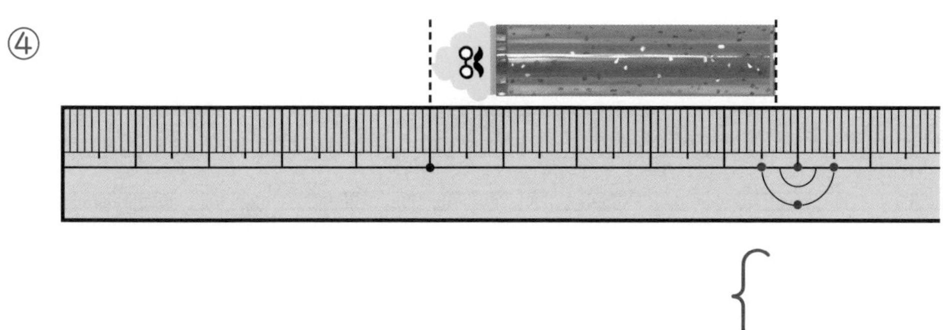

{　　　　}

長さ ②

べんきょうした日 月 日

 うんこの 長さを 答えましょう。

①

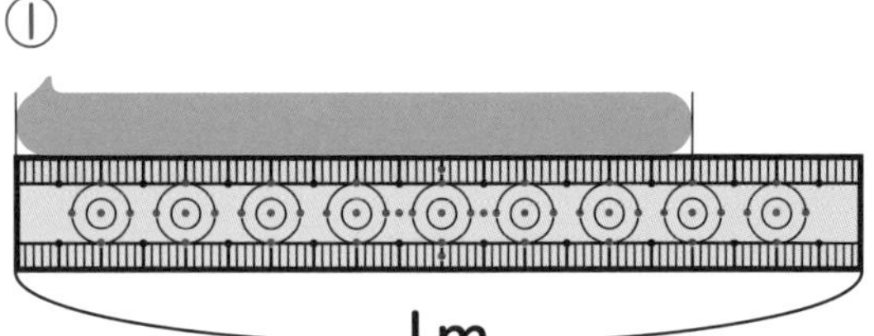

（　　　　　　）

②

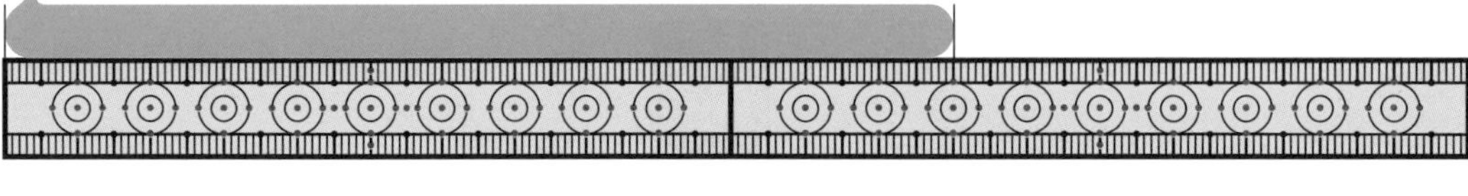

（　　　　　　）

③

（　　　　　　）

④

（　　　　　　）

長さ ③

べんきょうした 日
月
日

1 うんこの 長さを はかりましょう。

ものさし

①

②

③

④

⑤
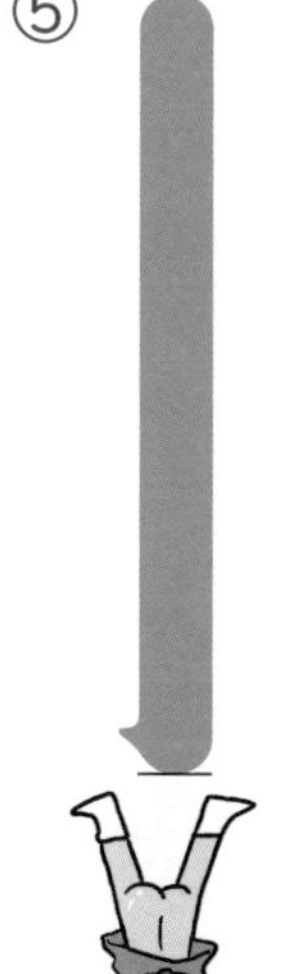

長さ ④

べんきょうした 日
月
日

できたね シールを はろう。

ものさし

うんこから，つぎの 長さの 直線を ひきましょう。

① 9cm

② 4cm5mm

③ 11cm3mm

④ 62mm

62mmや 87mmは
何cm何mmに なるかのう。

⑤ 87mm

長さ ⑤

べんきょうした　月　日

□に　あう　数を　書きましょう。

① 3cm= □ mm

② 80mm= □ cm

③ 5cm9mm= □ mm

④ 2cm6mm= □ mm

⑤ 41mm= □ cm □ mm

⑥ 77mm= □ cm □ mm

⑦ 10cm= □ mm

⑧ 500mm= □ cm

⑨ 68cm= □ mm

⑩ 135mm= □ cm □ mm

1cm=10mm
じゃったのう。

長(なが)さ ⑥

1 □に あう 数(かず)を 書(か)きましょう。

① 7m＝□cm　② 200cm＝□m

③ 5m90cm＝□cm　④ 1m23cm＝□cm

⑤ 4m6cm＝□cm　⑥ 340cm＝□m□cm

⑦ 816cm＝□m□cm

⑧ 902cm＝□m□cm

⑨ 10m＝□cm　⑩ 8700cm＝□m

1m＝100cmじゃ。

長さ ⑦

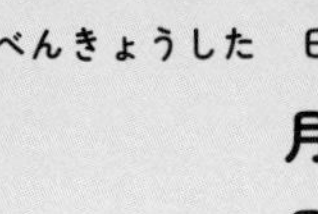

1 長い ほうの ｛　｝に ○を 書きましょう。

①

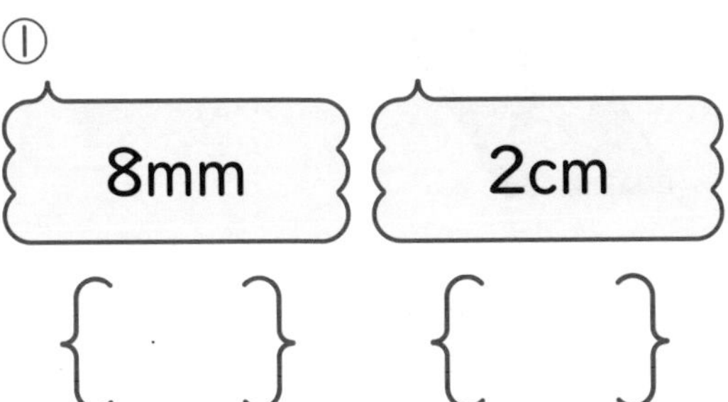

②

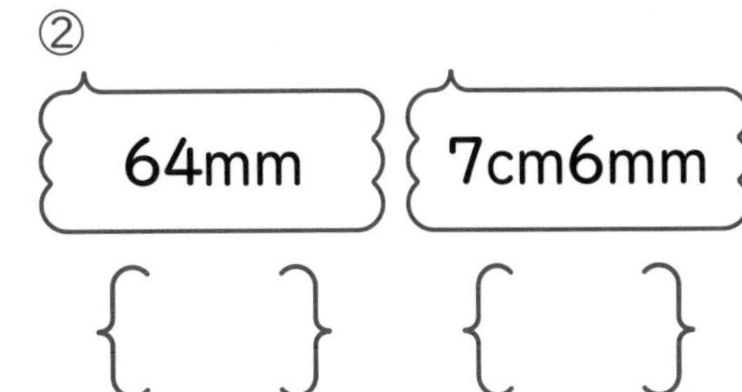

③

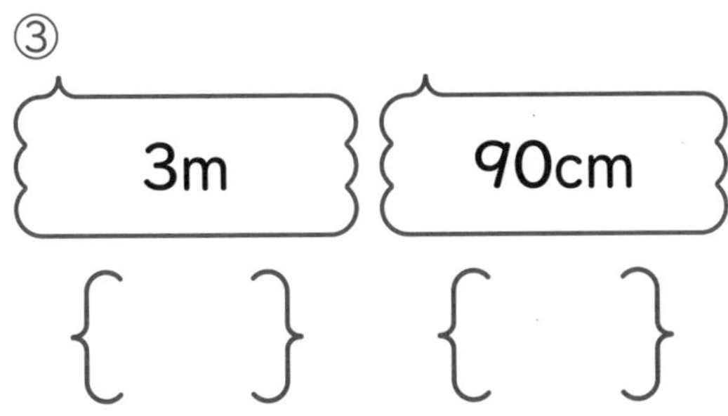

④

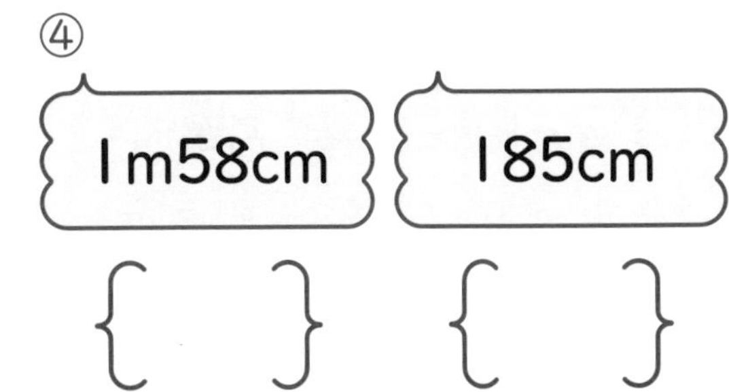

⑤

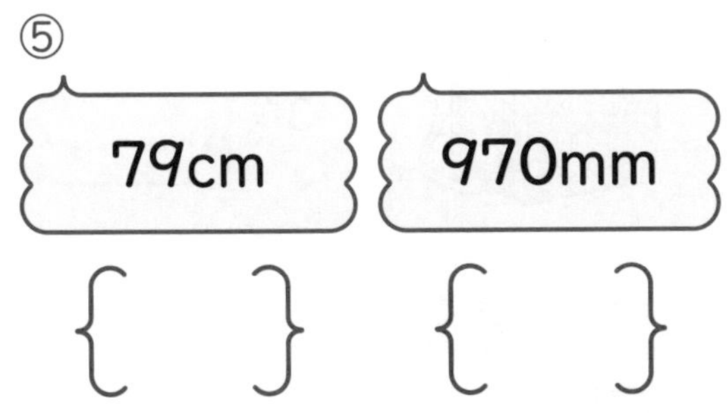

⑥

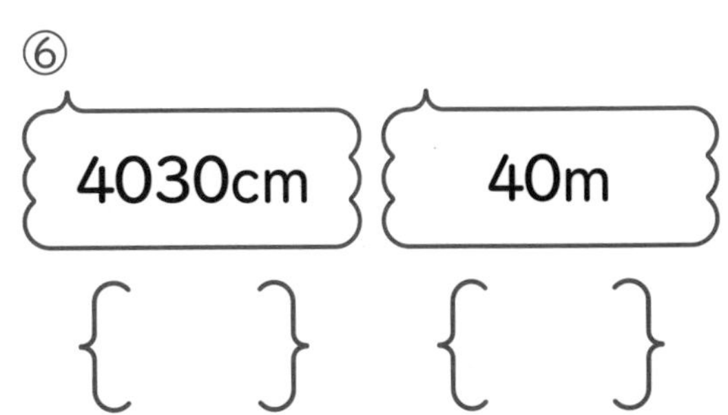

2 つぎの あ，い，う，えを，長い じゅんに ならべましょう。

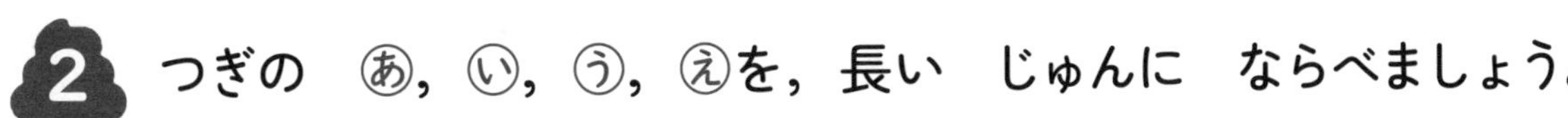

｛　　→　　→　　→　　｝

長さ ⑧

べんきょうした 日
月
日

1 ▢に あう 長さの たんいを 書きましょう。

① 教科書の あつさ

7 

② 2かいだての 家の 高さ

7 

③ ショートケーキの 高さ

7 

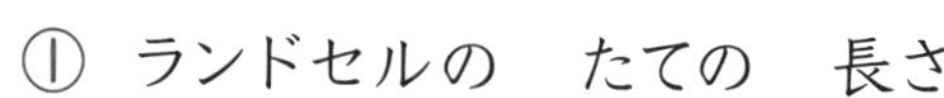

2 ▢に あう 長さの たんいを 書きましょう。

① ランドセルの たての 長さ

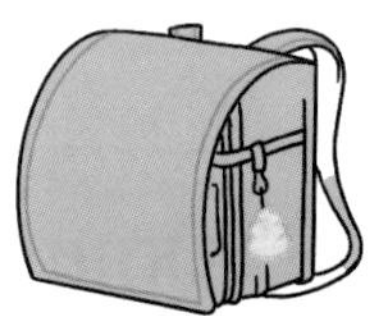

34 

② 教室の よこの 長さ

7 

③ てつぼうの 高さ

110 

④ 一円玉の よこの 長さ

20 

長さの　計算①

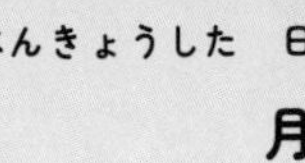

月
日

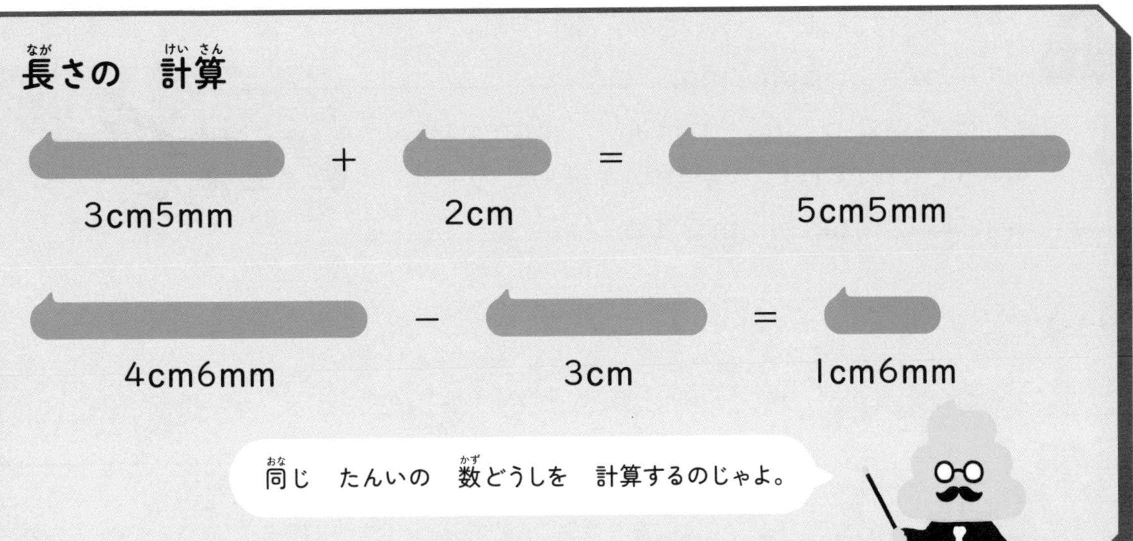

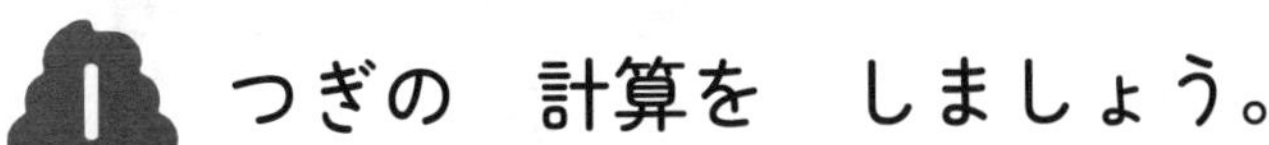

同じ　たんいの　数どうしを　計算するのじゃよ。

1 つぎの　計算を　しましょう。

① 5cm4mm＋3cm＝□cm□mm

② 9mm－6mm＝□mm

③ 20cm8mm－8mm＝□cm

④ 5m30cm＋4m＝□m□cm

⑤ 6m＋70cm＝□m□cm

⑥ 8m60cm－50cm＝□m□cm

36
たんい

長さの　計算②

べんきょうした日　月　日

できたね
シールを
はろう。

きのう　にわの　うんこの　高さを
はかったら，6cm2mmでした。
今日　はかったら，それより　8cm　高く
なって　いました。今日の　うんこの
高さは　何cm何mmですか。

しき

答え ＿＿＿＿＿＿＿＿

2　けんすけくんの　うんこの　長さは
15cm7mmです。たけしくんの　うんこは
それよりも　4mm　みじかいそうです。
たけしくんの　うんこの　長さは
何cm何mmですか。

しき

答え ＿＿＿＿＿＿＿＿

3　長さが　9m40cmの　うんこから
3mを　切って　かざりを　作りました。
のこった　うんこは　何m何cmですか。

しき

答え ＿＿＿＿＿＿＿＿

37 たんい

かさ①

べんきょうした日　月　日

できたね シールを はろう。

1 水の　かさは　何(なん)L ですか。

①

②

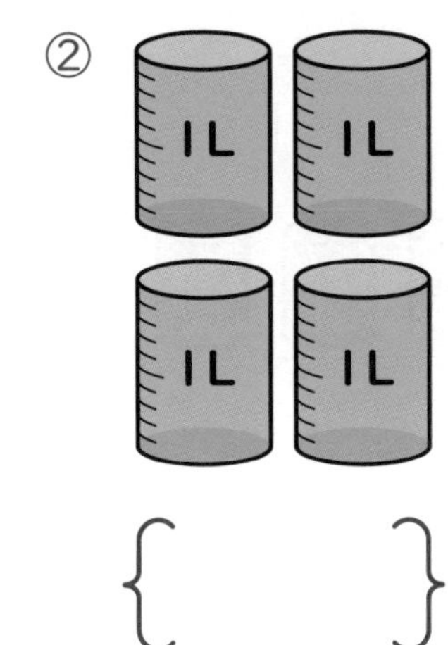

③

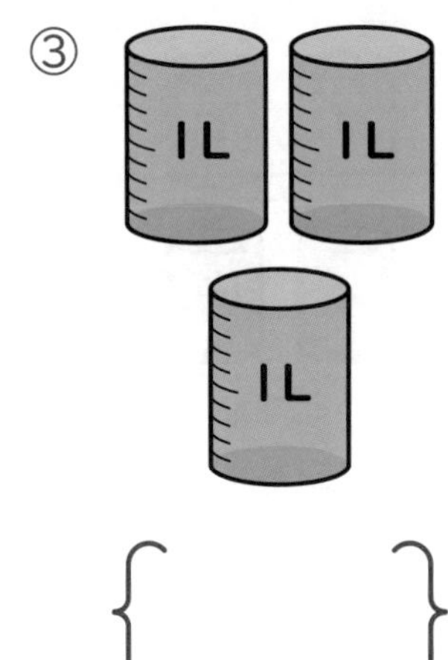

〔　　　〕　〔　　　〕　〔　　　〕

2 バケツに　入る　水の　かさを　くらべます。

Ⓐ

Ⓘ

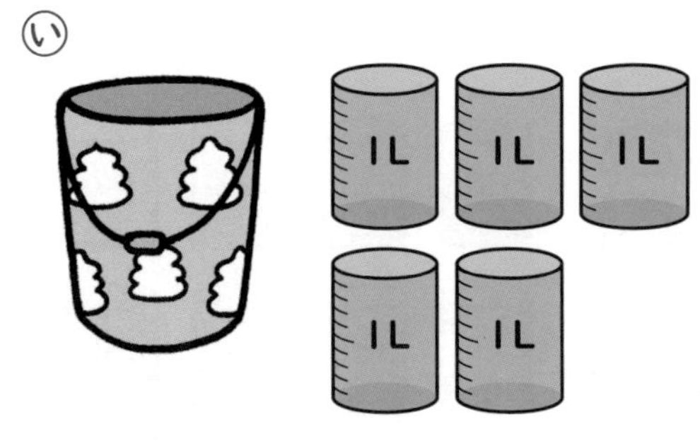

① バケツに　入る　水の　かさは　何Lですか。

あ〔　　　〕

い〔　　　〕

② 水が　多(おお)く　入るのは，どちらの　バケツですか。〔　　　〕

38 たんい

かさ ②

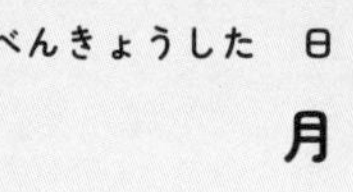

1 水の　かさは　何(なん) dL ですか。

①  ②  ③ 

［　　　　］　［　　　　］　［　　　　］

2 水とうに　入る　水の　かさを　くらべます。

あ 

い 

① 水とうに　入る　水の　かさは　何dLですか。

あ［　　　　］　い［　　　　］

② 水が　多(おお)く　入るのは，どちらの　水とうですか。［　　　］

かさ ③

べんきょうした日　月　日

水の　かさを　答えましょう。

① 

{　　　　}

② 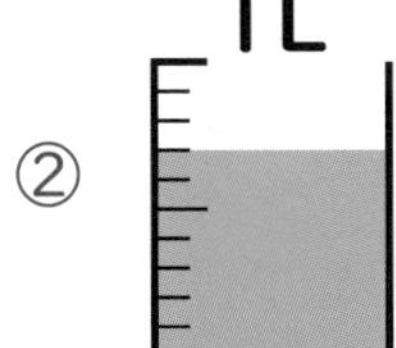

{　　　　}

③ 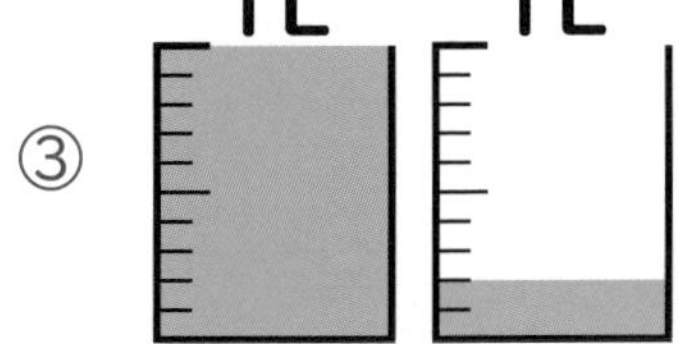

{　　　　}

④ 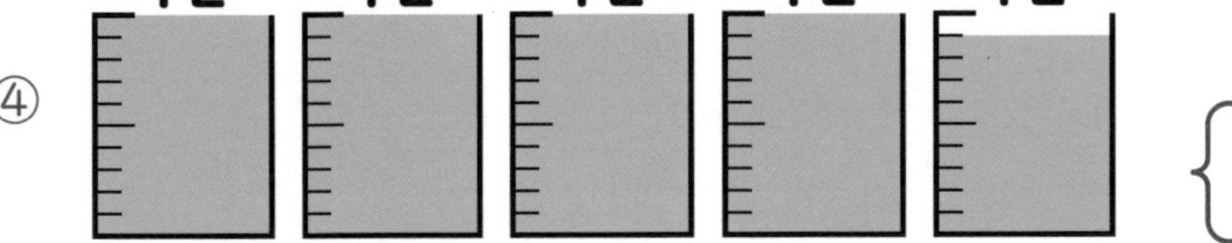

{　　　　}

⑤ 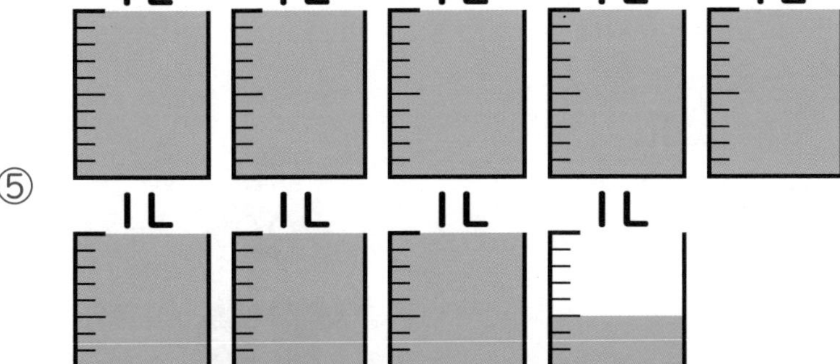

{　　　　}

かさ④

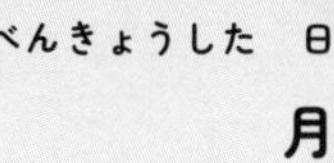

月 日

1 □に あう 数(かず)を 書(か)きましょう。

① 4L=□dL　② 8L=□dL

③ 30dL=□L　④ 70dL=□L

⑤ 100dL=□L　⑥ 6L2dL=□dL

⑦ 5L1dL=□dL　⑧ 23dL=□L□dL

⑨ 86dL=□L□dL

⑩ 95dL=□L□dL

1L=10dLじゃぞ。

かさ ⑤

べんきょうした日　月　日

できたね シールを はろう。

1 水の　かさは　何(なん) mL ですか。

① 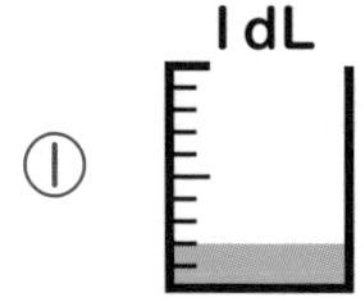

1dL

（　　　　　）

② 1dL

（　　　　　）

③ 1dL　1dL　1dL

（　　　　　）

④ 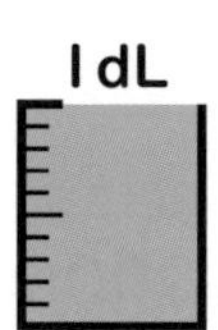 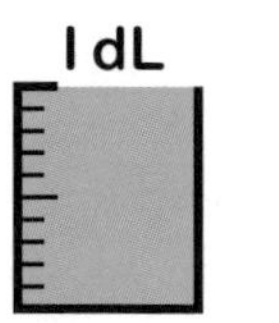 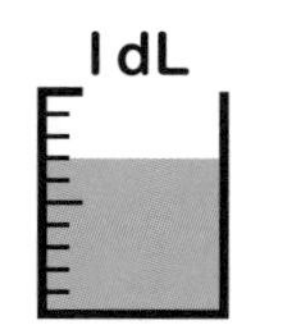

1dL　1dL　1dL　1dL　1dL

（　　　　　）

⑤ 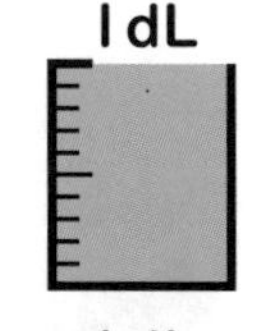 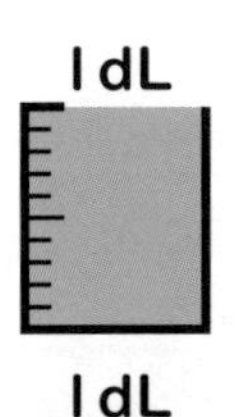 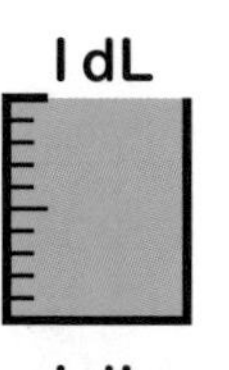 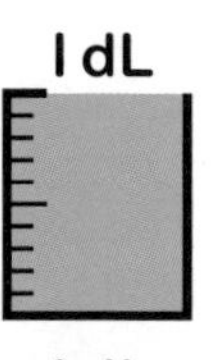

1dL　1dL　1dL　1dL

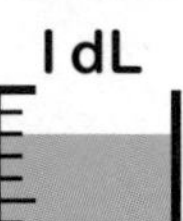

1dL　1dL　1dL　1dL

（　　　　　）

42 たんい

かさ ⑥

べんきょうした日　月　日

□に　あう　数(かず)を　書(か)きましょう。

① 3dL=□mL　② 8dL=□mL

③ 10dL=□mL　④ 500mL=□dL

⑤ 700mL=□dL　⑥ 1400mL=□dL

⑦ 1L=□mL　⑧ 6L=□mL

⑨ 2000mL=□L　⑩ 9000mL=□L

1dL=100mL
1L=1000mL
なのじゃ。

かさ ⑦

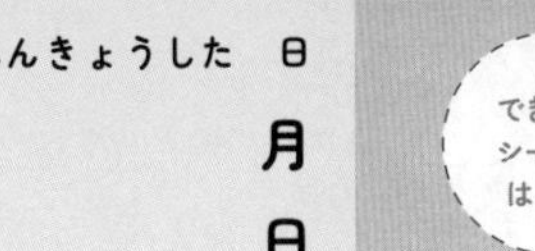

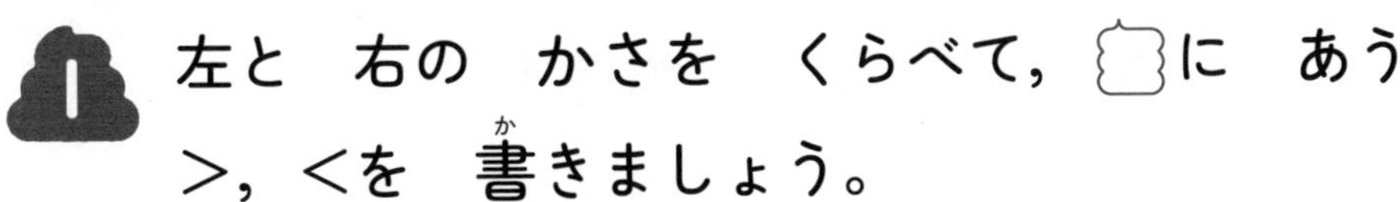

1 左と　右の　かさを　くらべて，□に　あう
>，<を　書(か)きましょう。

① 5L □ 8L

② 14dL □ 7dL

③ 3L □ 29dL

④ 90dL □ 57L

⑤ 1L6dL □ 61dL

⑥ 8L7dL □ 42dL

⑦ 8dL □ 630mL

⑧ 900mL □ 1L

2 つぎの　あ，い，う，えを，多(おお)い　じゅんに　ならべましょう。

あ 90dL　　い 1000mL　　う 10L　　え 1L9dL

｛　　→　　→　　→　　｝

かさ⑧

べんきょうした 日
月
日

1 ▢に あう かさの たんいを 書(か)きましょう。

① バケツに 入った 水

8 

② ようきに 入った 目ぐすり

8 

③ 水とうに 入った お茶(ちゃ)

8 

2 ▢に あう かさの たんいを 書きましょう。

① おふろに 入った 水

200 

② びんに 入った しょうゆ

5 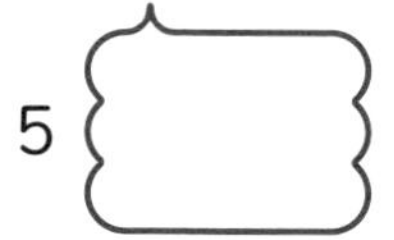

③ かんに 入った ジュース

350 

④ コップに 入った 水

3 

45 たんい

かさの　計算①

べんきょうした日　月　日

1L2dL　　3dL　　1L5dL

長さの　計算と　同じじゃ！　同じ　たんいの
数どうしを　たしたり　ひいたり　すると　よいぞい。

1 つぎの　計算を　しましょう。

① 4L+5L=□L

② 3L7dL−2L=□L□dL

③ 5dL+6L1dL=□L□dL

④ 8L6dL−4dL=□L□dL

⑤ 7L9dL+1dL=□L

⑥ 4L3dL−3dL=□L

46
たんい

かさの　計算②

べんきょうした日　月　日

できたね
シールを
はろう。

1 火が　ついて　いる　うんこに　2L5dLの　水を　かけましたが，
まだ　火が　きえないので，さらに　6Lの
水を　かけたら　火が　きえました。
かけた　水は　何L何dLですか。

しき

答え ＿＿＿＿＿＿＿＿

2 うんこの　形を　した　バケツに　水が
9L7dL　入って　います。そこから　3dLの　水を
つかいました。のこりの　水は　何L何dLですか。

しき

答え ＿＿＿＿＿＿＿＿

3 おじいちゃんが　うんこを　しながら
お茶を　1L4dLと，
コーラを　3L2dL　のみました。
あわせて　何L何dL　のみましたか。

しき

答え ＿＿＿＿＿＿＿＿

三角形と　四角形 ①

べんきょうした日
月
日

できたね
シールを
はろう。

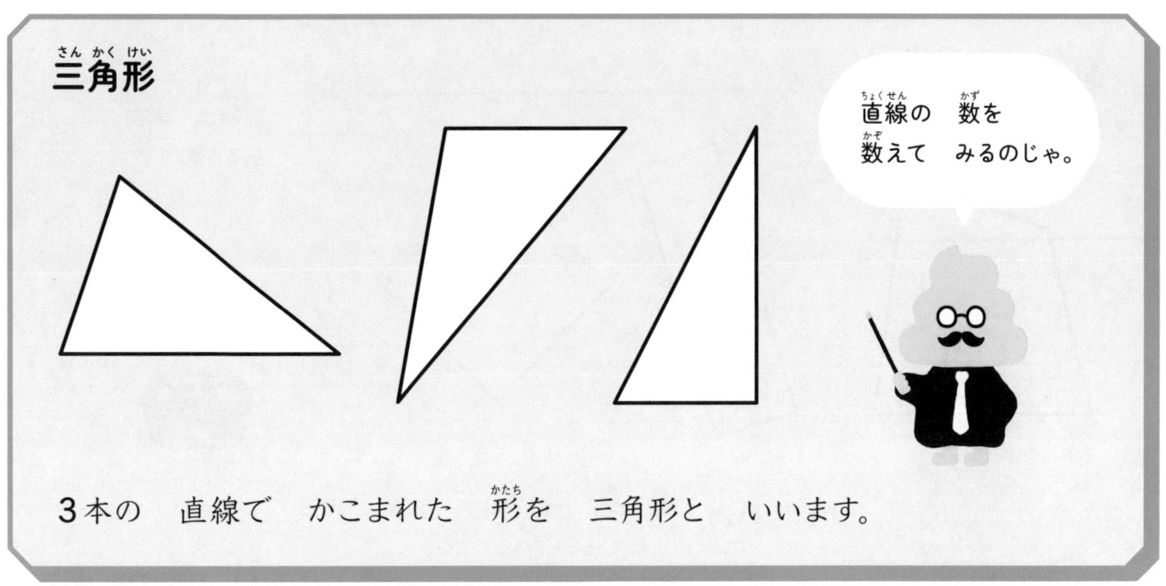

三角形
直線の　数を
数えて　みるのじゃ。
3本の　直線で　かこまれた　形を　三角形と　いいます。

1 下の　あ～くから，三角形を　ぜんぶ　えらんで，記ごうで　答えましょう。

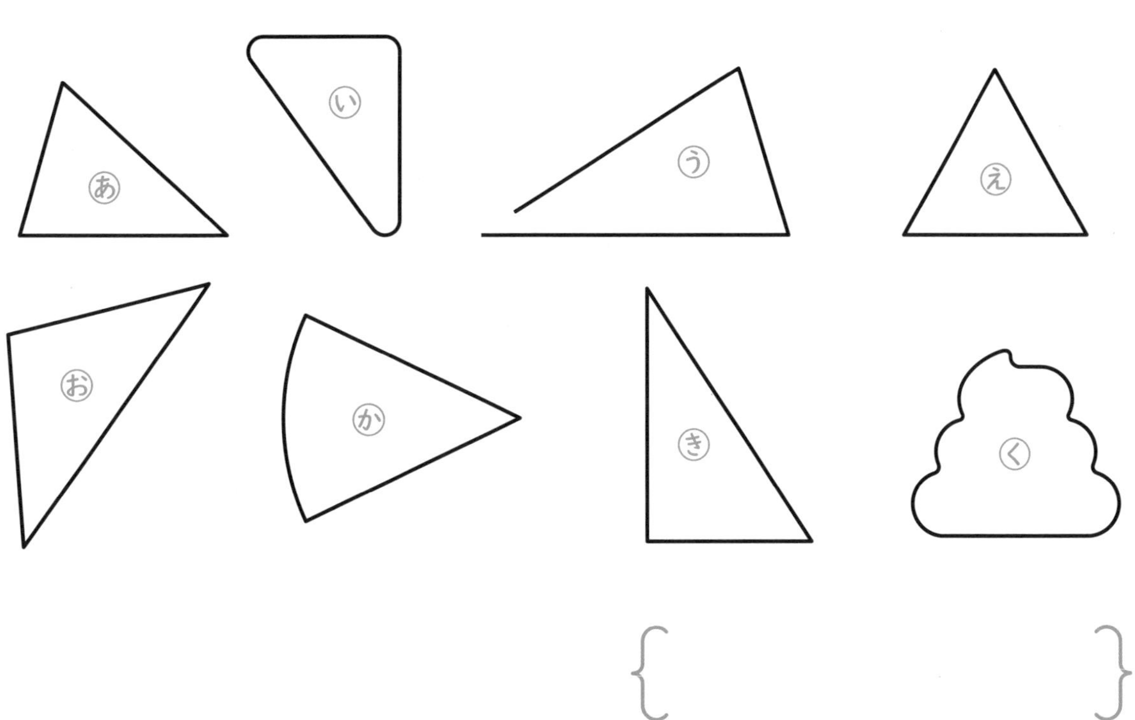

{　　　　　}

三角形と　四角形 ②

べんきょうした　日
月
日

できたね
シールを
はろう。

四角形

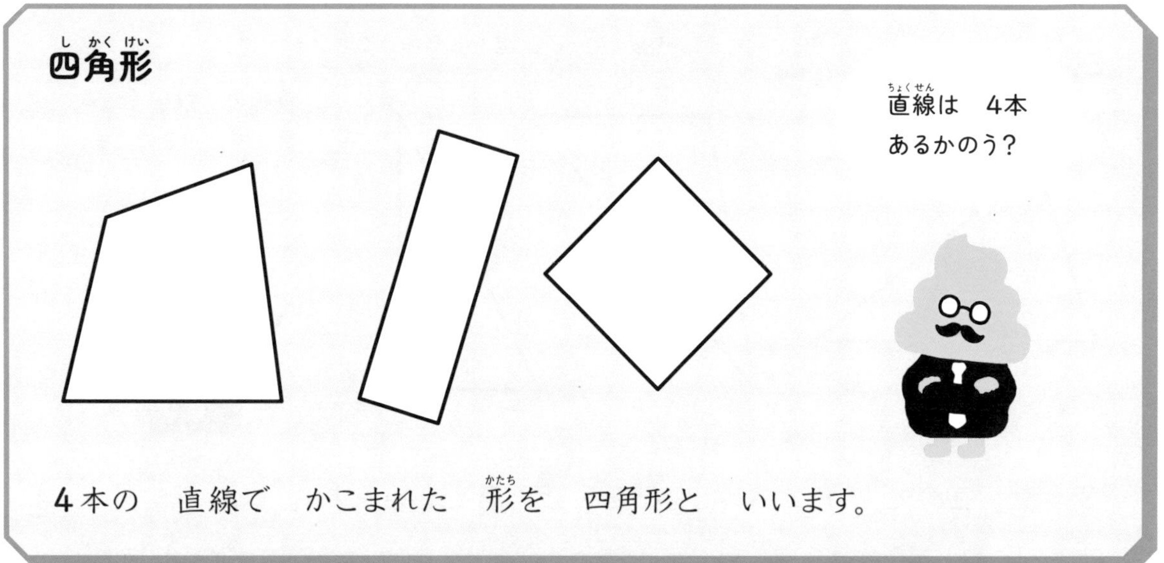

4本の　直線で　かこまれた　形を　四角形と　いいます。

1 下の　あ〜くから，四角形を　ぜんぶ　えらんで，記ごうで　答えましょう。

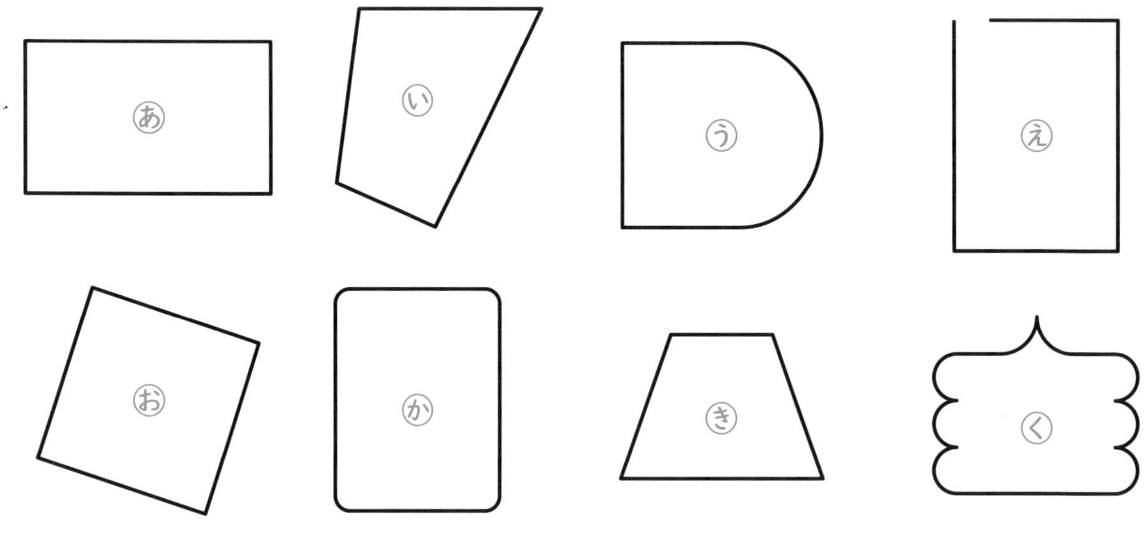

{　　　　　　}

三角形と　四角形 ③

べんきょうした　日　月　日

1 三角形の　紙を　下のように　切ります。①，②の　形が　できるのは　どちらですか。記ごうで　答えましょう。

㋐
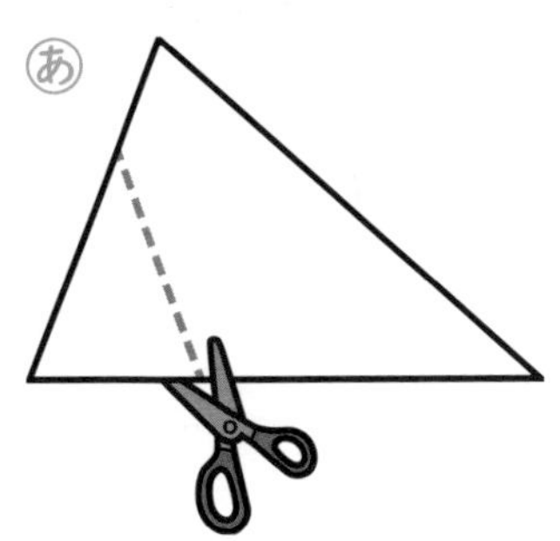

㋑
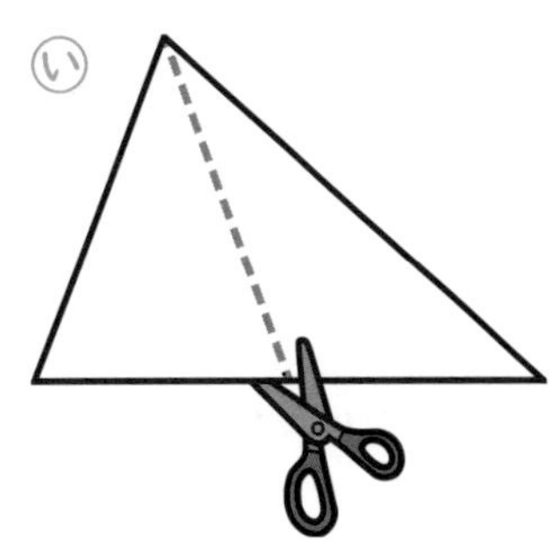

① 三角形が　2つ　〔　　　〕

② 三角形が　1つと　四角形が　1つ　〔　　　〕

2 四角形の　紙を　下のように　切ります。①～③の　形が　できるのは　どれですか。記ごうで　答えましょう。

㋐
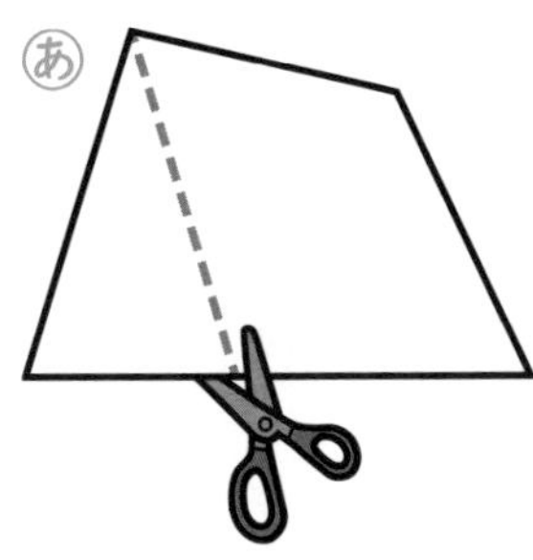

㋑
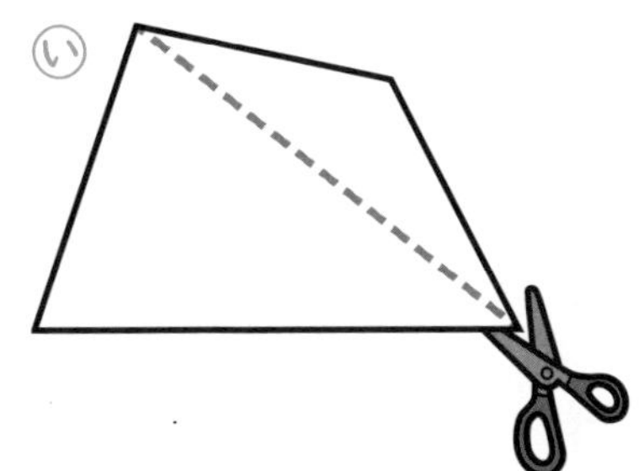

㋒
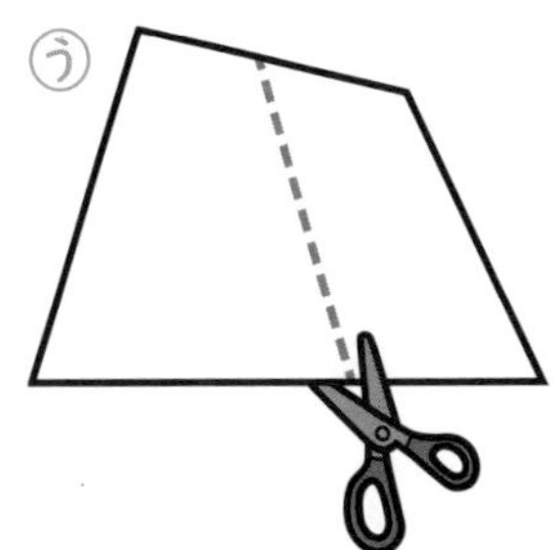

① 三角形が　2つ　〔　　　〕

② 三角形が　1つと　四角形が　1つ　〔　　　〕

③ 四角形が　2つ　〔　　　〕

三角形と　四角形 ④

べんきょうした日　月　日

1 {　}に　あう　ことばを　書きましょう。

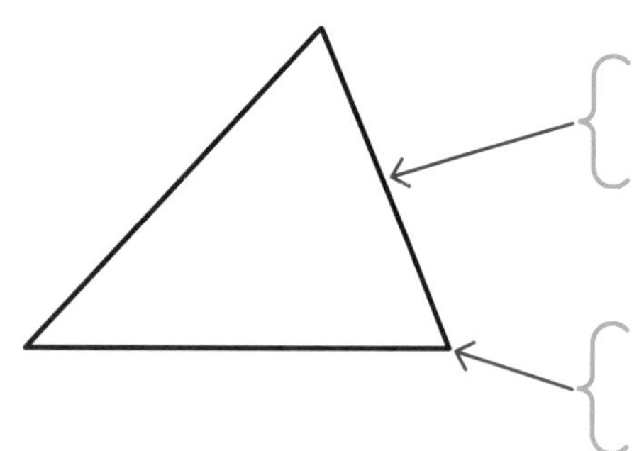

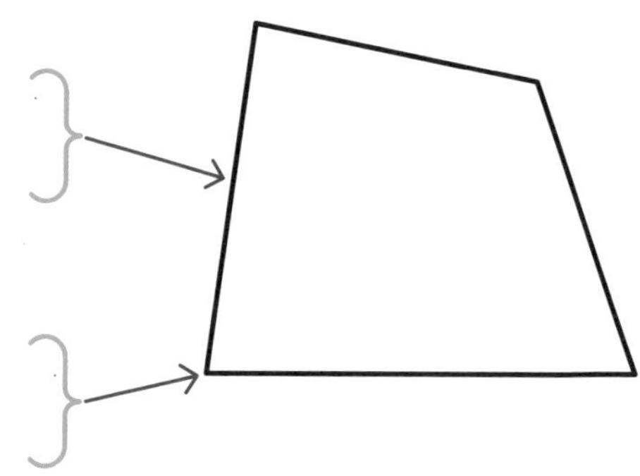

2 □に　あう　数を　書きましょう。

① 三角形には，へんが □ つ，ちょう点が □ つ　あります。

② 四角形には，へんが □ つ，ちょう点が □ つ　あります。

3 つぎの　三角形や　四角形の　ちょう点を　ぜんぶ　○で　かこみましょう。

①

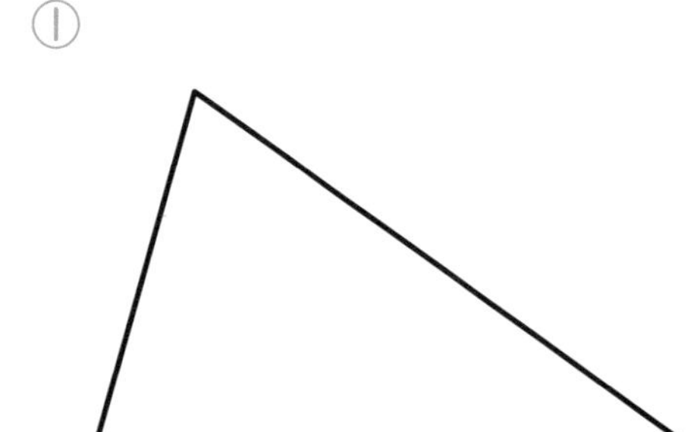

②

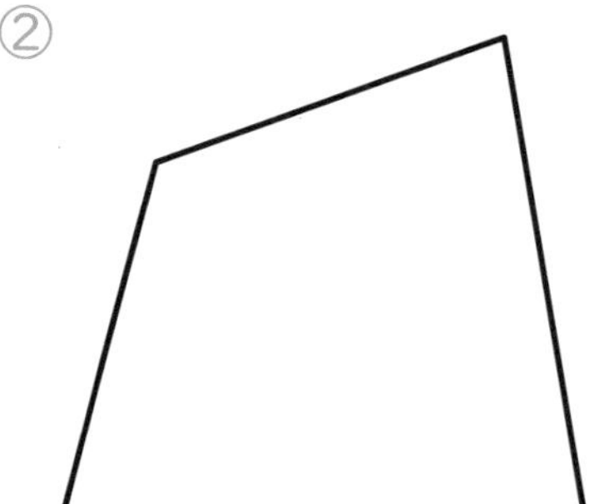

三角形と　四角形 ⑤

べんきょうした日　月　日

できたね シールを はろう。

長方形

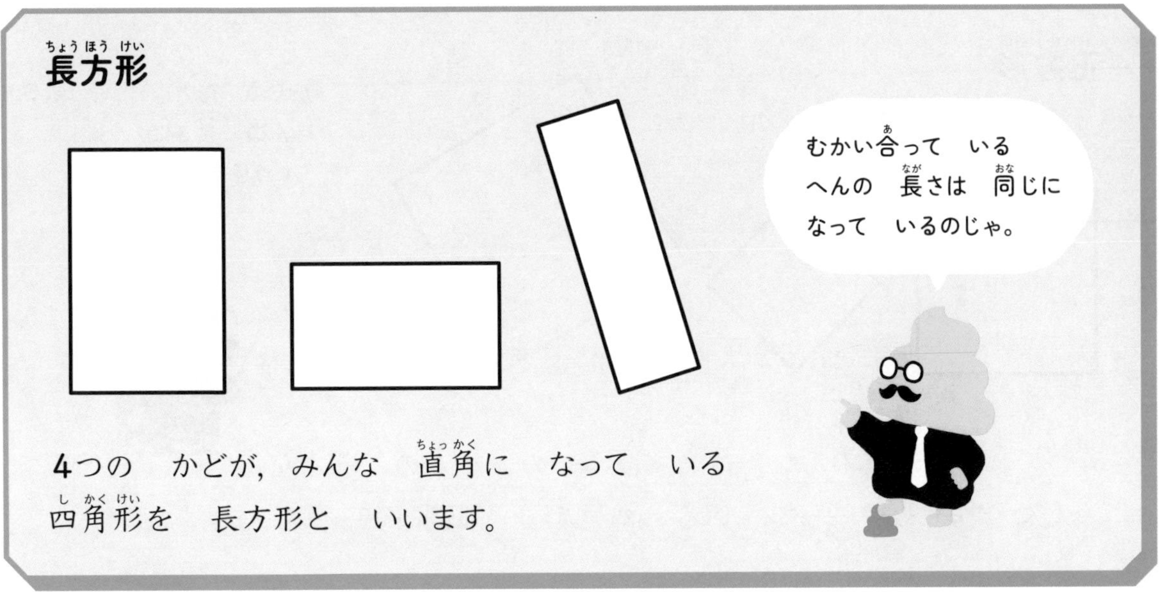

むかい合って　いる
へんの　長さは　同じに
なって　いるのじゃ。

4つの　かどが，みんな　直角に　なって　いる
四角形を　長方形と　いいます。

1 下の　あ～くから，長方形を　ぜんぶ　えらんで，
記ごうで　答えましょう。

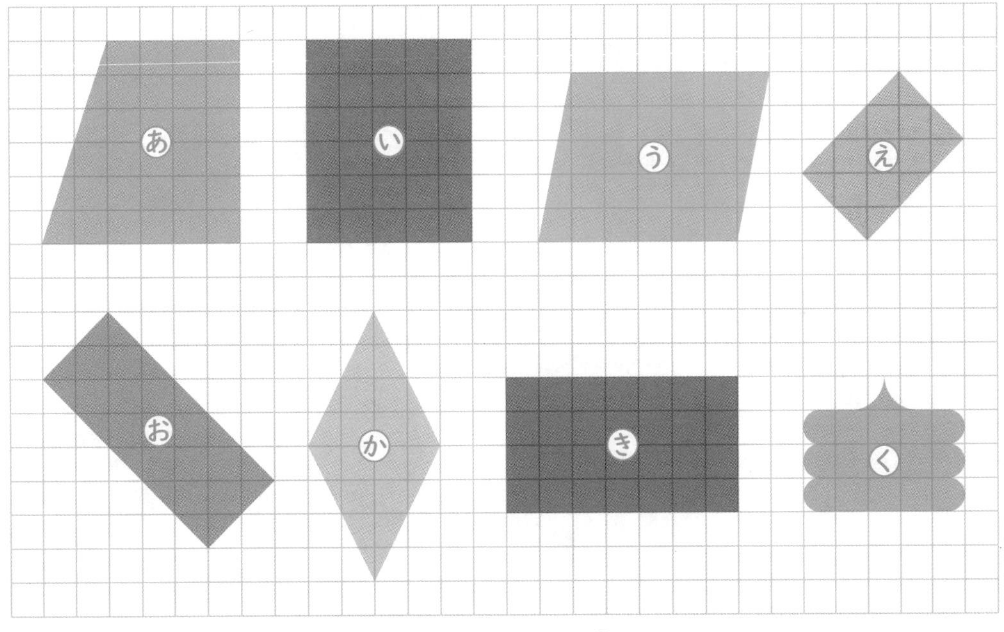

{　　　　　　　}

三角形と　四角形 ⑥

べんきょうした 日　月　日

できたね シールを はろう。

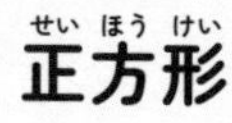

正方形

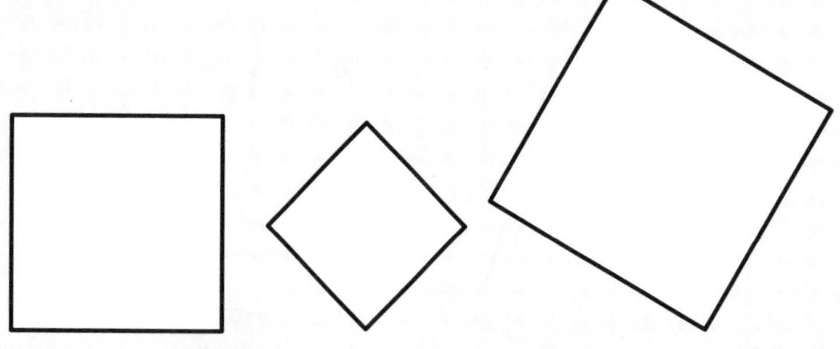

かどの　形と
へんの　長さに
ちゅう目するのじゃ。

4つの　かどが　みんな　直角で，4つの　へんの　長さが　みんな　同じに　なって　いる　四角形を　正方形と　いいます。

1 下の　あ～くから，正方形を　ぜんぶ　えらんで，記ごうで　答えましょう。

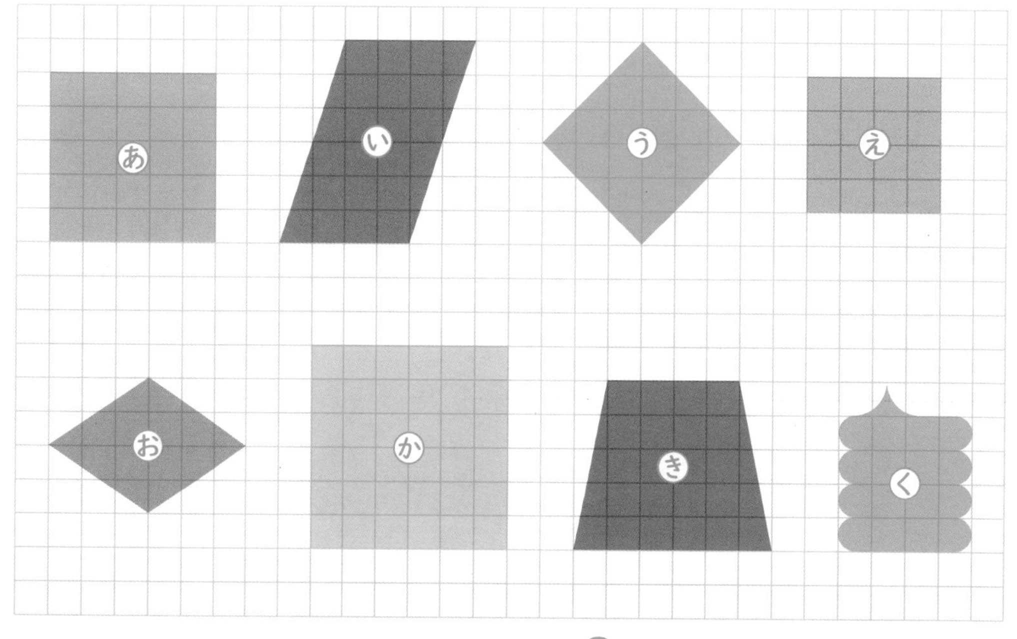

{　　　　　　　　　　}

三角形と　四角形 ⑦

べんきょうした　日
月
日

できたね
シールを
はろう。

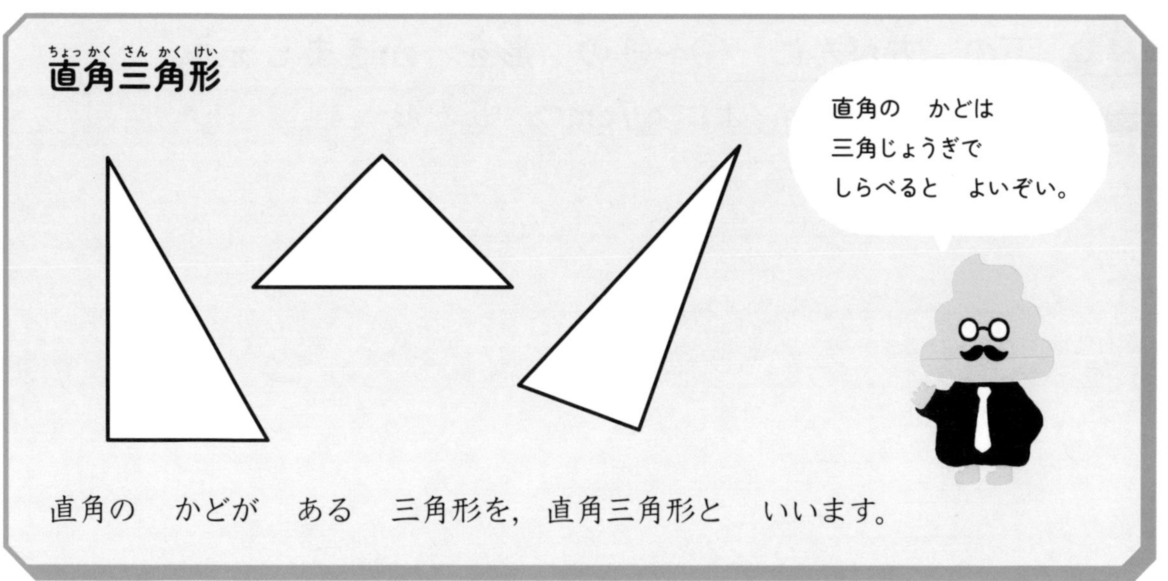

直角三角形
直角の　かどは
三角じょうぎで
しらべると　よいぞい。

直角の　かどが　ある　三角形を，直角三角形と　いいます。

1 下の　㋐～㋗から，直角三角形を　ぜんぶ　えらんで，記ごうで　答えましょう。

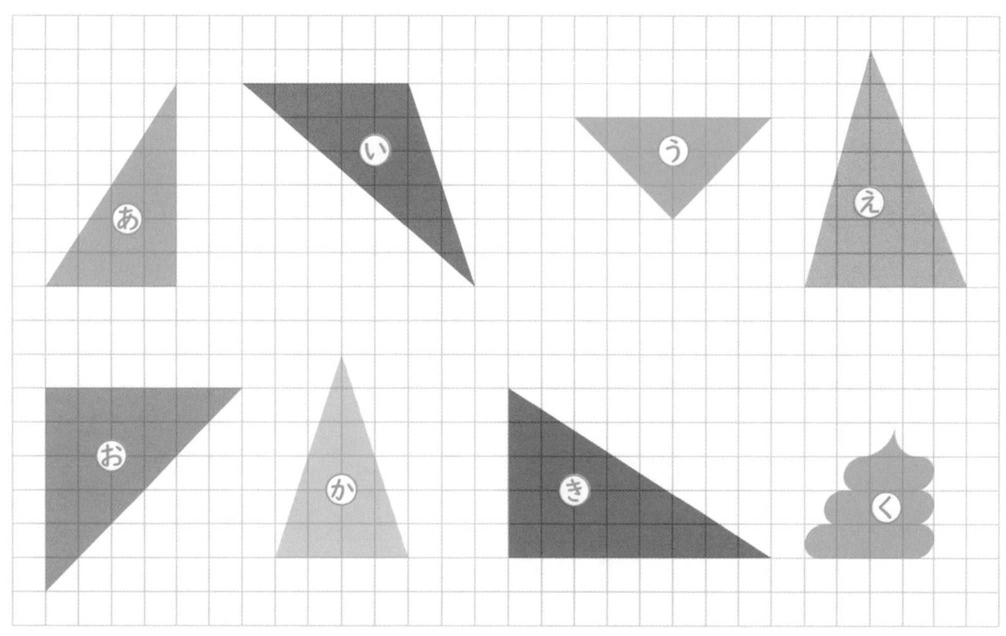

｛　　　　　　　　｝

三角形と　四角形 ⑧

べんきょうした　日　月　日

できたね シールを はろう。

1 下の　方がんに　①～③の　形を　かきましょう。

① たて　3cm，よこ　7cmの　長方形

② 1つの　へんが　4cmの　正方形

③ 直角を　はさむ　へんが　2cmと　5cmの　直角三角形

はこの　形①

べんきょうした　日　月　日

はこの　形を　しらべます。

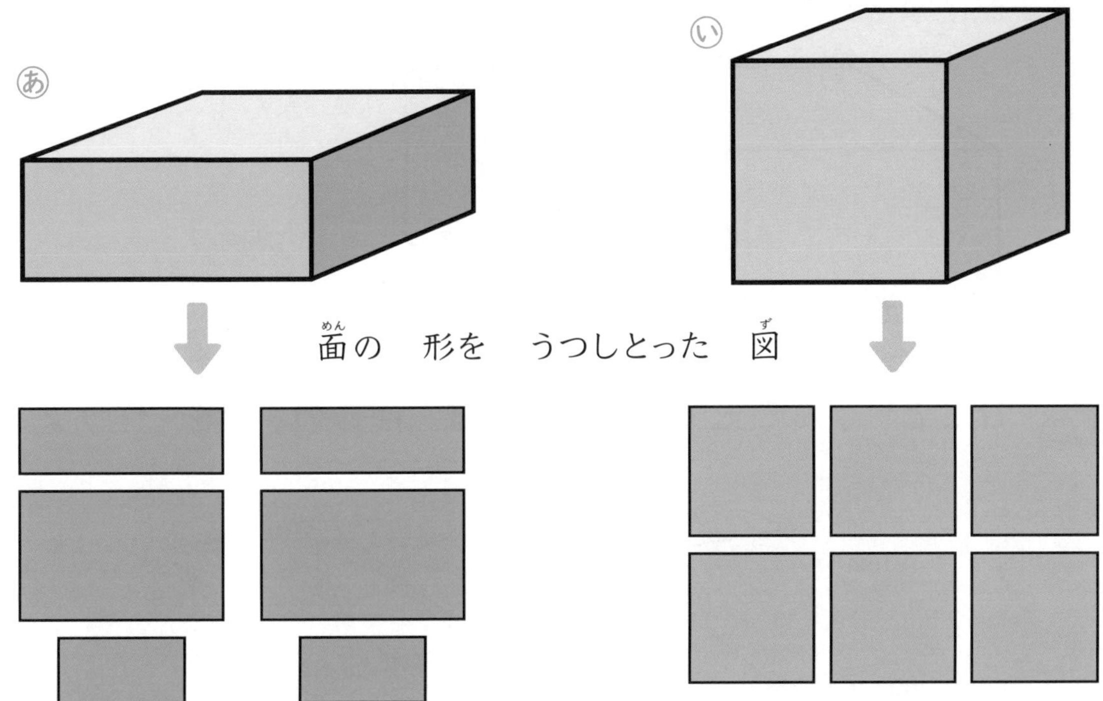

① 面は　いくつ　ありますか。

あ〔　　　　〕　い〔　　　　〕

② 同じ　形の　面は，いくつずつ　ありますか。

あ〔　　　　〕　い〔　　　　〕

③ 面の　形は，何と　いう　四角形ですか。

あ〔　　　　〕　い〔　　　　〕

56
図形

はこの 形②

べんきょうした 日
月
日

できたね シールを はろう。

1 はこの 形には，へんや ちょう点は いくつずつ ありますか。

へん（　　　　）

ちょう点（　　　　）

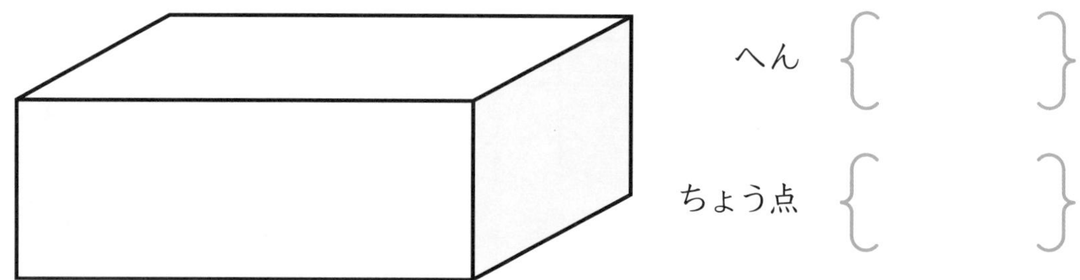

2 ひごと うんこ玉で，下のような はこの 形を 作ります。

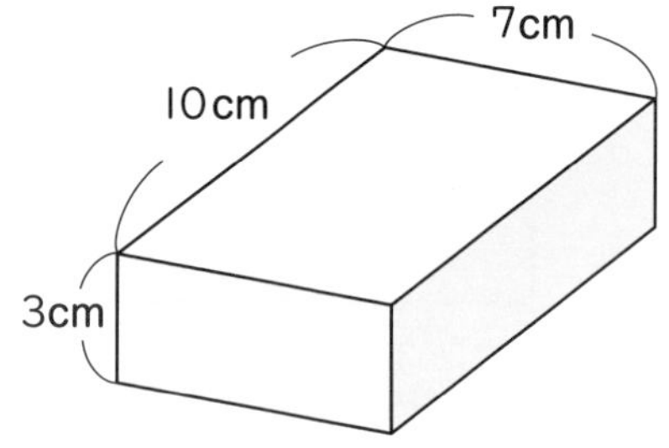

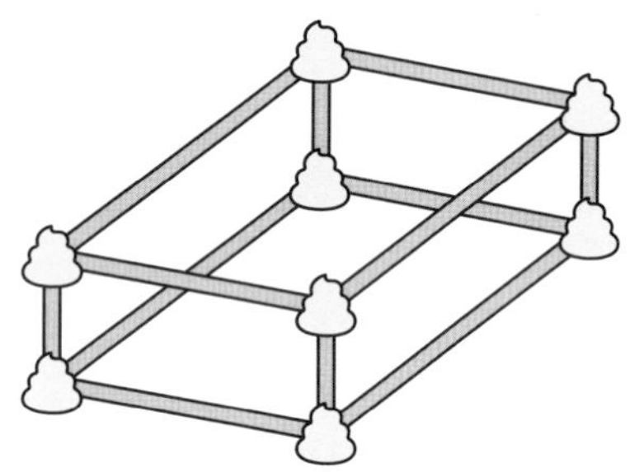

① 3cmの ひごは 何本 いりますか。（　　　　）

② 7cmの ひごは 何本 いりますか。（　　　　）

③ 10cmの ひごは 何本 いりますか。（　　　　）

④ うんこ玉は いくつ いりますか。（　　　　）

はこの　形③

べんきょうした　日　月　日

1 左の　面を　つないで　組み立てると，右の　はこが　できますか。できる　ときは　○を，できない　ときは　×を　書きましょう。

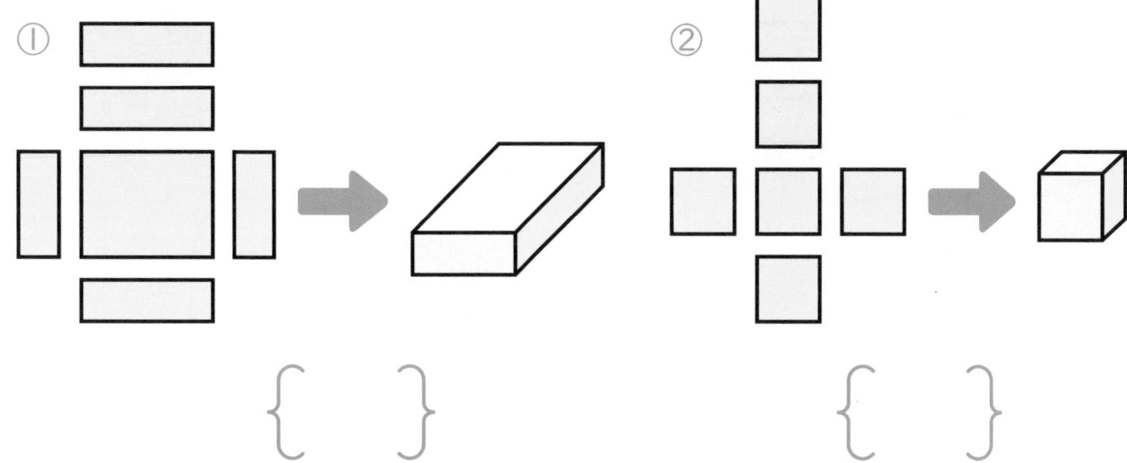

2 上の　形を　組み立てて　できる　はこの　形を　下から　えらび，■―●で　つなぎましょう。

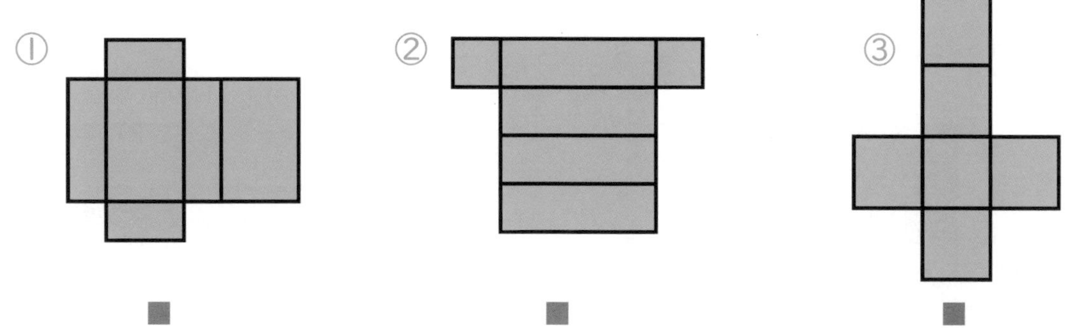

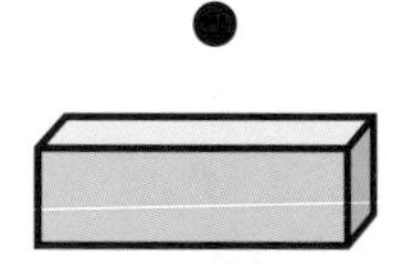

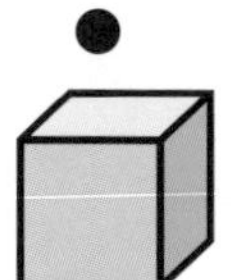

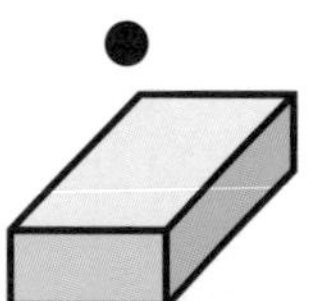

はこの 形④

べんきょうした 日
月
日

1 下の 形を 組み立てて できる はこの 形で，㋐，㋑，㋒の 面と むかい合う 面を えらんで，記ごうで 答えましょう。

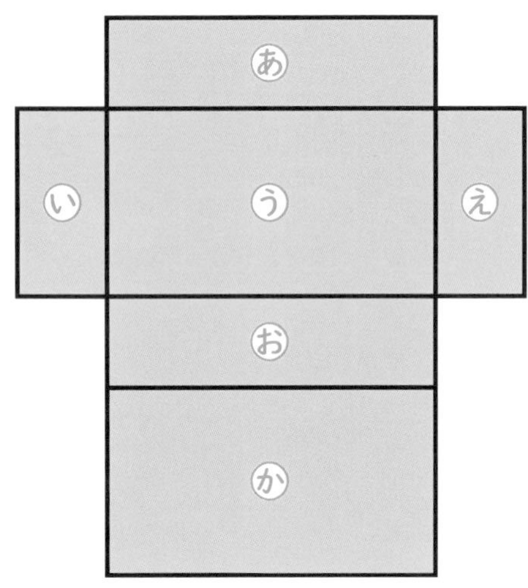

㋐の 面 ［　　　］

㋑の 面 ［　　　］

㋒の 面 ［　　　］

2 下の 形を 組み立てて できる はこの 形で，と むかい合う 面を ㋐～㋔から えらんで，記ごうで 答えましょう。

①

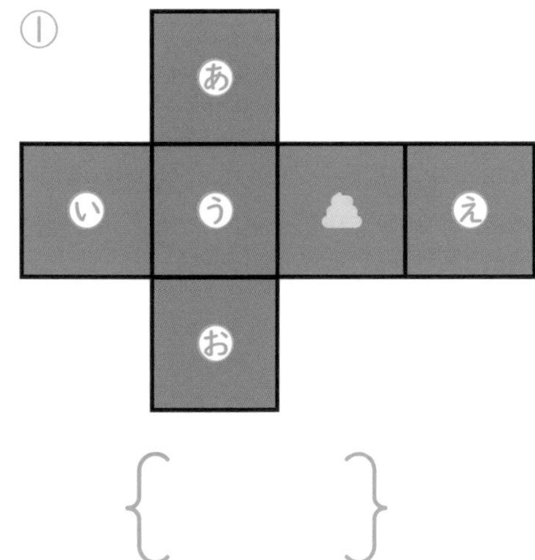

［　　　］

②

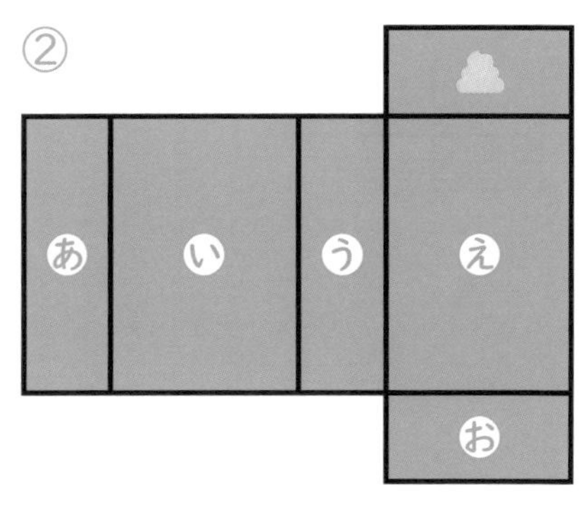

［　　　］

ひょうと　グラフ①

べんきょうした　日
月
日

できたね シールを はろう。

18人の　2年生に　すきな　うんこの　絵(え)を　はって
もらいました。

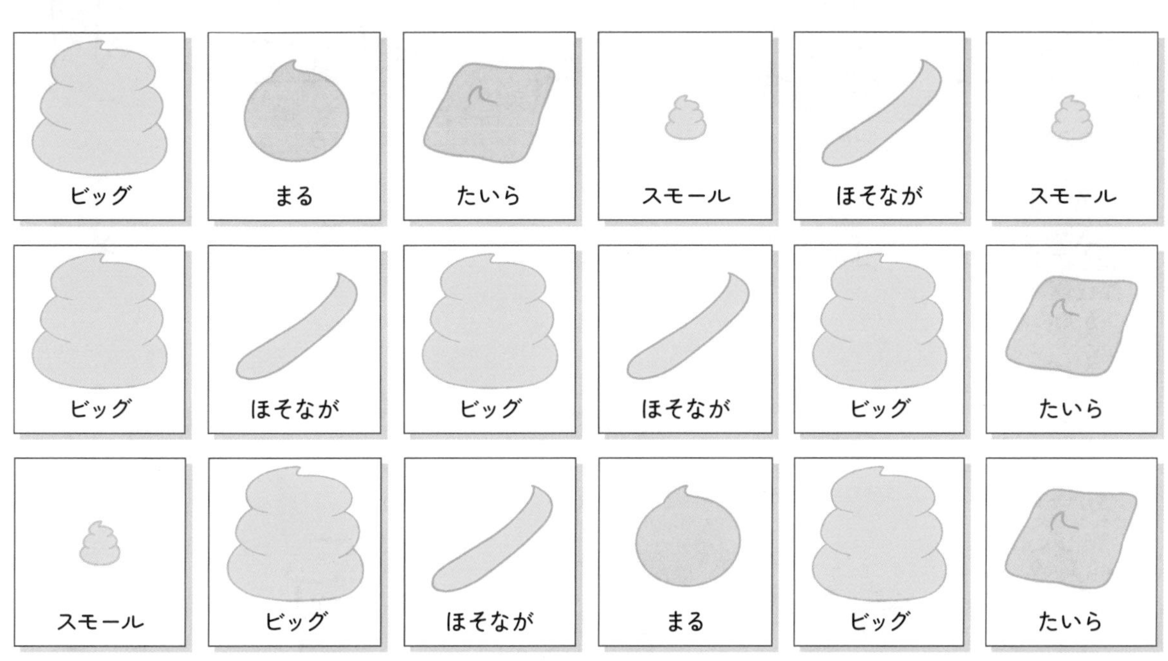

① それぞれの　人数(にんずう)を　下の　ひょうに　書(か)きましょう。

すきな うんこと 人数

うんこ	ビッグ	スモール	ほそなが	まる	たいら
人数（人）					

② すきな　人が　いちばん　多(おお)い　うんこは　何(なん)ですか。　〔　　　〕

③ すきな　人が　4人の　うんこは　何ですか。　〔　　　〕

④ まるが　すきな　人は　何人ですか。　〔　　　〕

ひょうと　グラフ②

べんきょうした日　月　日

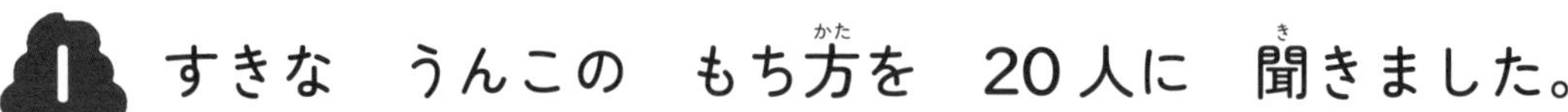

1 すきな　うんこの　もち方を　20人に　聞きました。

てのひら　せおい　あたまのせ　てのひら　あしのせ

かたのせ　あしのせ　てのひら　あたまのせ　あしのせ

あたまのせ　あしのせ　てのひら　かたのせ　てのひら

あたまのせ　てのひら　かたのせ　せおい　あしのせ

① ○を　つかって，右の
グラフに　かきましょう。

② かたのせが　すきな　人は
何人ですか。

{　　　　}

③ すきな　人が　いちばん　少ない
もち方は　何ですか。

{　　　　}

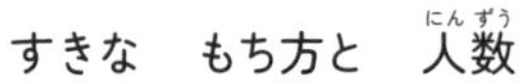

○				
○				
○				
○				
○				
○				
てのひら	あたまのせ	かたのせ	あしのせ	せおい

61 データ

ひょうと　グラフ③

べんきょうした　日　月　日

1 もって　いる　うんこの　数（かず）を　しらべて，ひょうに　まとめました。

もって　いる　うんこの　数

名前（なまえ）	たかしくん	こういちくん	かずきくん	校長先生（こうちょうせんせい）	田中先生（たなかせんせい）
数（こ）	5	2	6	7	3

① 上の　ひょうと　同じ（おなじ）　数の　○を　右の　グラフに　かきましょう。

もって　いる　うんこの　数

たかしくん	こういちくん	かずきくん	校長先生	田中先生

② もって　いる　うんこの　数が　いちばん　多（おお）いのは　だれですか。

{　　　　　}

③ たかしくんと　田中先生では，どちらが　何（なん）こ　多いですか。

{　　　　　が　　こ　多い。}

62 データ ひょうと　グラフ ④

べんきょうした　日　月　日

1 下の　しゃしんを　見て　答えましょう。

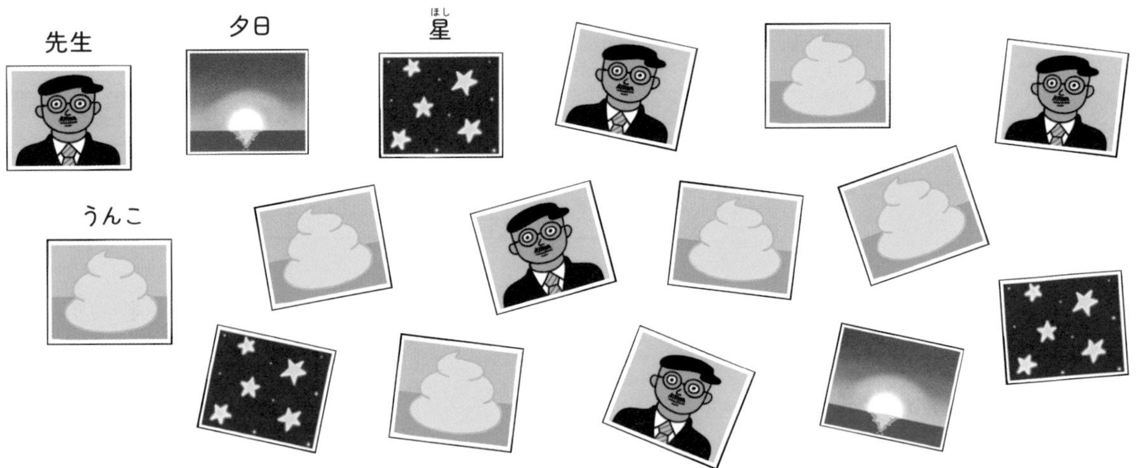

① 数を　しらべて，下の　ひょうに　まとめましょう。

しゃしんの数

しゃしん	夕日	星	うんこ	先生
数（まい）				

② 上の　ひょうと　同じ　数の
○を　右の　グラフに　かきましょう。

しゃしんの　数

夕日	星	うんこ	先生

③ 5まい　あるのは　何の　しゃしんですか。

〔　　　　〕

④ いちばん　少ないのは　何の　しゃしんですか。

〔　　　　〕

ひょうと　グラフ⑤

べんきょうした　日
月
日

1 下の　うんこを　見て　答えましょう。

① 数を　しらべて，下の　ひょうに　まとめましょう。

うんこの数

うんこ	赤	青	黄色	みどり
数（こ）				

② 上の　ひょうと　同じ　数の
○を　右の　グラフに　かきましょう。

うんこの　数

赤	青	黄色	みどり

③ いちばん　多いのは　どの　色ですか。

｛　　　　　　｝

④ 黄色と　みどりでは　どちらが
何こ　多いですか。

｛　　　が　　こ　多い。｝

ひょうと　グラフ⑥

べんきょうした　日
月
日

できたね
シールを
はろう。

1 下の　ウンコムシを　見て　答えましょう。

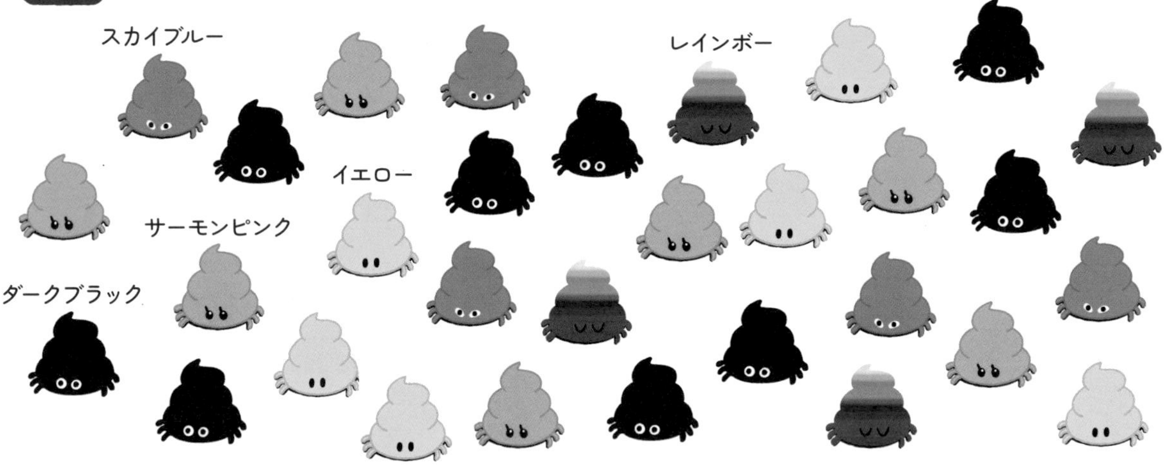

① 数を　しらべて，下の　ひょうと　グラフに　あらわしましょう。

ウンコムシの 数

しゅるい	サーモンピンク	スカイブルー	イエロー	レインボー	ダークブラック
数（ひき）					

② 6ぴき　いるのは
どの　しゅるいですか。
（　　　　　　　）

③ いちばん　少ないのは　どの　しゅるいですか。
（　　　　　　　）

④ レインボーと　ダークブラックでは
どちらが　何びき　多いですか。
（　　　　　　　が　ひき 多い。）

ウンコムシの　数

サーモンピンク	スカイブルー	イエロー	レインボー	ダークブラック

答え

できたね
シールを
はろう。

1ページ

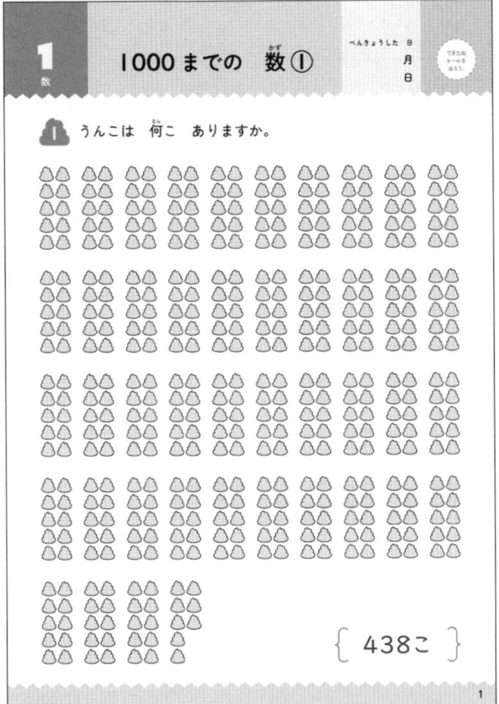

1 数
1000までの　数①
べんきょうした　日　月　日
できたね シールを はろう。

1 うんこは　何こ　ありますか。

{ 438こ }

2ページ

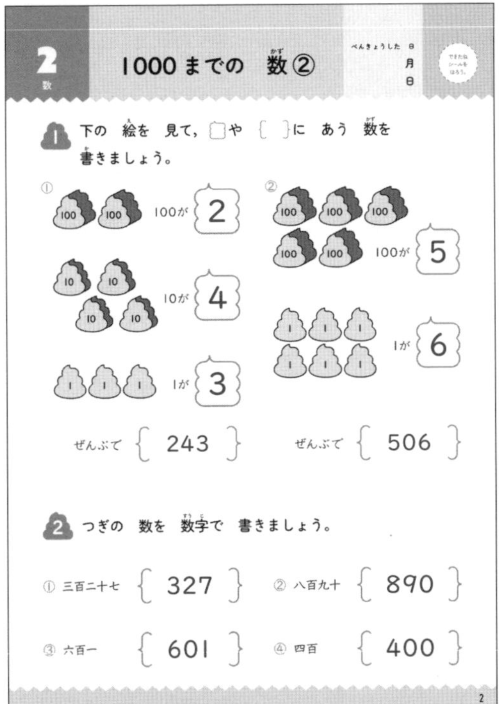

2 数
1000までの　数②
べんきょうした　日　月　日
できたね シールを はろう。

1 下の　絵を　見て，□や　{ }に　あう　数を　書きましょう。

① 100が [2]　10が [4]　1が [3]　ぜんぶで { 243 }

② 100が [5]　1が [6]　ぜんぶで { 506 }

2 つぎの　数を　数字で　書きましょう。

① 三百二十七 { 327 }　② 八百九十 { 890 }

③ 六百一 { 601 }　④ 四百 { 400 }

3ページ

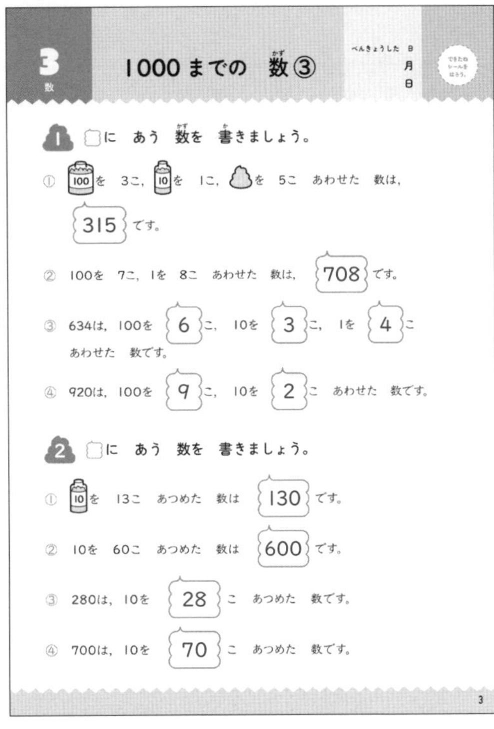

3 数
1000までの　数③
べんきょうした　日　月　日
できたね シールを はろう。

1 □に　あう　数を　書きましょう。

① 100を　3こ，10を　1こ，1を　5こ　あわせた　数は，[315] です。

② 100を　7こ，1を　8こ　あわせた　数は，[708] です。

③ 634は，100を [6] こ，10を [3] こ，1を [4] こ　あわせた　数です。

④ 920は，100を [9] こ，10を [2] こ　あわせた　数です。

2 □に　あう　数を　書きましょう。

① 10を　13こ　あつめた　数は [130] です。

② 10を　60こ　あつめた　数は [600] です。

③ 280は，10を [28] こ　あつめた　数です。

④ 700は，10を [70] こ　あつめた　数です。

4ページ

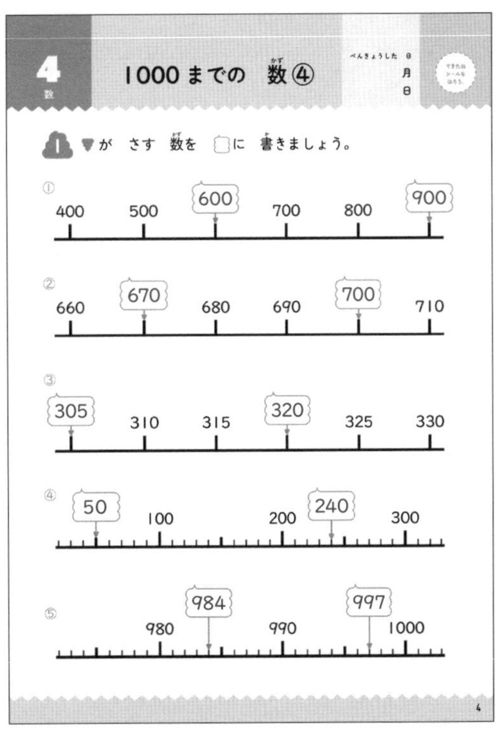

4 数
1000までの　数④
べんきょうした　日　月　日
できたね シールを はろう。

1 ▼が　さす　数を　□に　書きましょう。

① 400　500　[600]　700　800　[900]

② 660　[670]　680　690　[700]　710

③ [305]　310　315　[320]　325　330

④ [50]　100　200　[240]　300

⑤ [984]　980　990　[997]　1000

答え

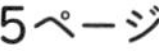

5ページ

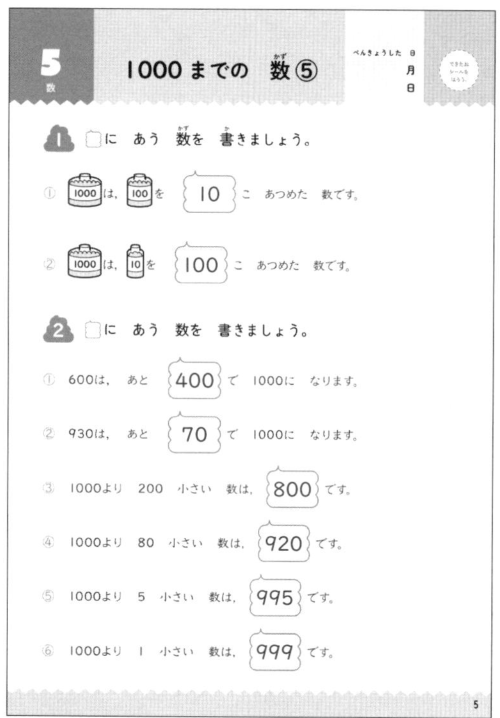

5 数

1000までの 数⑤

べんきょうした日 月 日

1 □に あう 数を 書きましょう。

① 1000は、100を [10] こ あつめた 数です。

② 1000は、10を [100] こ あつめた 数です。

2 □に あう 数を 書きましょう。

① 600は、あと [400] で 1000に なります。

② 930は、あと [70] で 1000に なります。

③ 1000より 200 小さい 数は、[800] です。

④ 1000より 80 小さい 数は、[920] です。

⑤ 1000より 5 小さい 数は、[995] です。

⑥ 1000より 1 小さい 数は、[999] です。

5

6ページ

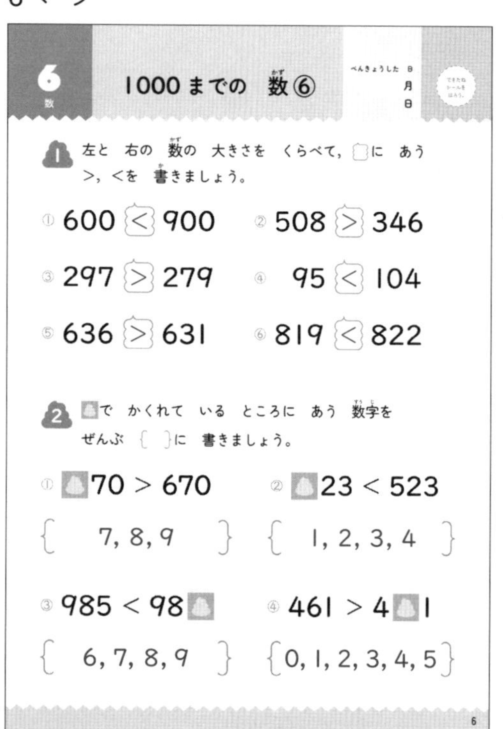

6 数

1000までの 数⑥

べんきょうした日 月 日

1 左と 右の 数の 大きさを くらべて、□に あう >、<を 書きましょう。

① 600 [<] 900　② 508 [>] 346

③ 297 [>] 279　④ 95 [<] 104

⑤ 636 [>] 631　⑥ 819 [<] 822

2 ■で かくれて いる ところに あう 数字を ぜんぶ { }に 書きましょう。

① ■70 > 670　{ 7, 8, 9 }

② ■23 < 523　{ 1, 2, 3, 4 }

③ 985 < 98■　{ 6, 7, 8, 9 }

④ 461 > 4■1　{ 0, 1, 2, 3, 4, 5 }

6

7ページ

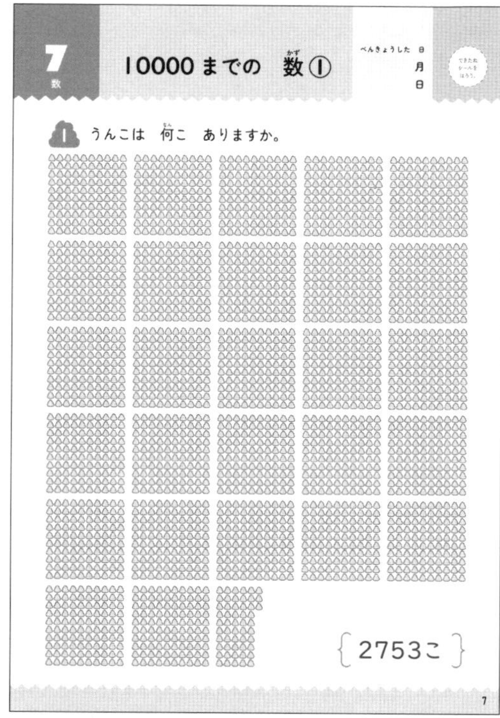

7 数

10000までの 数①

べんきょうした日 月 日

1 うんこは 何こ ありますか。

{ 2753こ }

7

8ページ

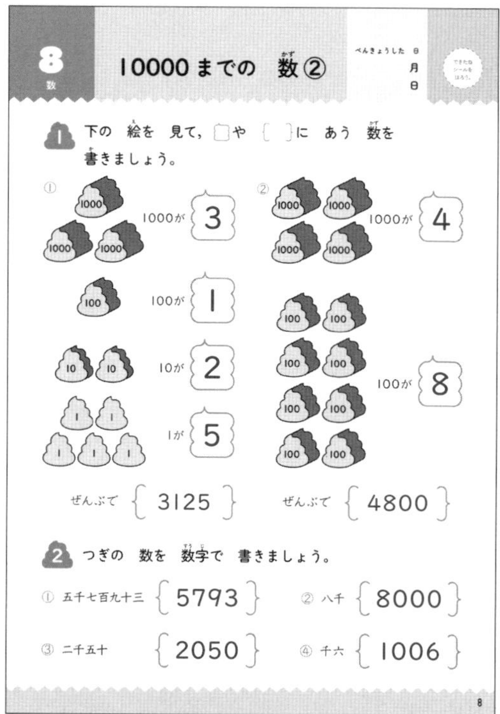

8 数

10000までの 数②

べんきょうした日 月 日

1 下の 絵を 見て、□や { }に あう 数を 書きましょう。

① 1000が [3]　100が [1]　10が [2]　1が [5]　ぜんぶで { 3125 }

② 1000が [4]　100が [8]　ぜんぶで { 4800 }

2 つぎの 数を 数字で 書きましょう。

① 五千七百九十三 { 5793 }　② 八千 { 8000 }

③ 二千五十 { 2050 }　④ 千六 { 1006 }

8

答え

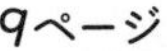

9ページ

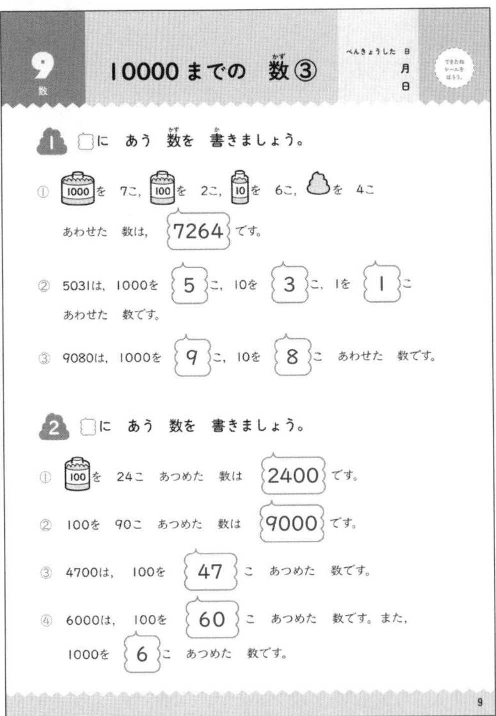

9 数 **10000までの　数③**　べんきょうした　月　日　できたら シールを はろう。

1 □に　あう　数を　書きましょう。

① 1000を　7こ，100を　2こ，10を　6こ，1を　4こ あわせた　数は，[7264]です。

② 5031は，1000を[5]こ，10を[3]こ，1を[1]こ あわせた　数です。

③ 9080は，1000を[9]こ，10を[8]こ　あわせた　数です。

2 □に　あう　数を　書きましょう。

① 100を　24こ　あつめた　数は[2400]です。

② 100を　90こ　あつめた　数は[9000]です。

③ 4700は，100を[47]こ　あつめた　数です。

④ 6000は，100を[60]こ　あつめた　数です。また，1000を[6]こ　あつめた　数です。

9

10ページ

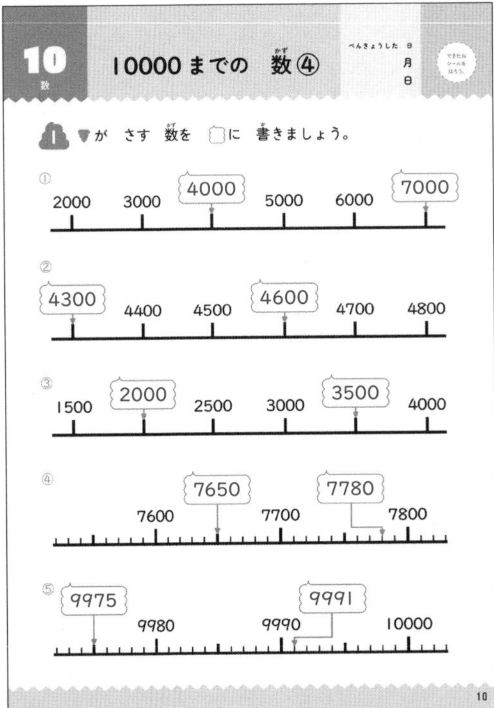

10 数 **10000までの　数④**　べんきょうした　月　日　できたら シールを はろう。

1 ▼が　さす　数を　□に　書きましょう。

① 2000　3000　[4000]　5000　6000　[7000]

② [4300]　4400　4500　[4600]　4700　4800

③ 1500　[2000]　2500　3000　[3500]　4000

④ 7600　[7650]　7700　[7780]　7800

⑤ [9975]　9980　9990　[9991]　10000

10

11ページ

11 数 **10000までの　数⑤**　べんきょうした　月　日　できたら シールを はろう。

1 □に　あう　数を　書きましょう。

① 10000は，1000を[10]こ　あつめた　数です。

② 10000は，100を[100]こ　あつめた　数です。

2 □に　あう　数を　書きましょう。

① 7000は，あと[3000]で　10000に　なります。

② 9600は，あと[400]で　10000に　なります。

③ 2000より　800　小さい　数は，[1200]です。

④ 10000より　50　小さい　数は，[9950]です。

⑤ 10000より　1　小さい　数は，[9999]です。

11

12ページ

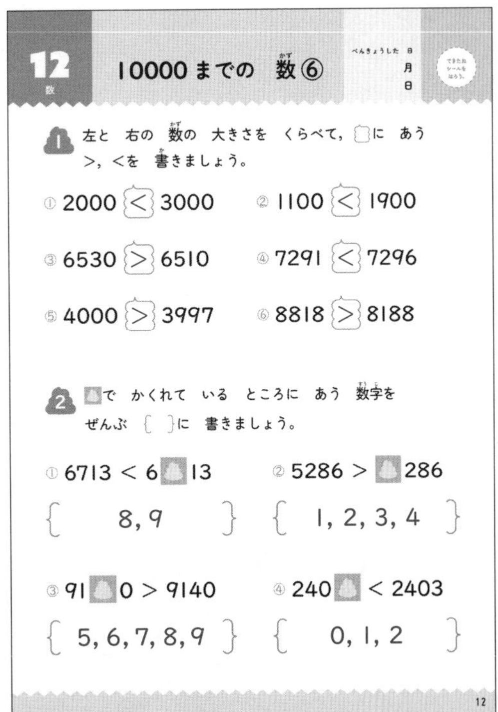

12 数 **10000までの　数⑥**　べんきょうした　月　日　できたら シールを はろう。

1 左と　右の　数の　大きさを　くらべて，□に　あう　>，<を　書きましょう。

① 2000 [<] 3000　② 1100 [<] 1900

③ 6530 [>] 6510　④ 7291 [<] 7296

⑤ 4000 [>] 3997　⑥ 8818 [>] 8188

2 ■で　かくれて　いる　ところに　あう　数字を　ぜんぶ　{　}に　書きましょう。

① 6713 < 6■13　{ 8, 9 }

② 5286 > ■286　{ 1, 2, 3, 4 }

③ 91■0 > 9140　{ 5, 6, 7, 8, 9 }

④ 240■ < 2403　{ 0, 1, 2 }

12

答え

13ページ

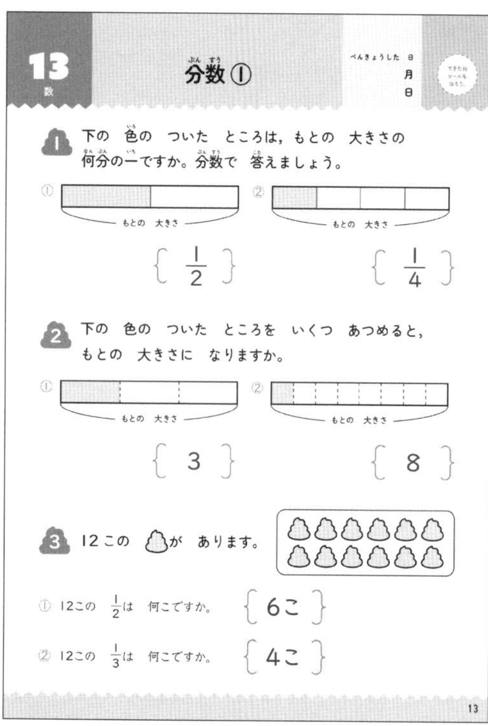

13 数

分数①

べんきょうした日　月　日

できたね シールを はろう。

1 下の 色の ついた ところは，もとの 大きさの 何分の一ですか。分数で 答えましょう。

① もとの 大きさ　｛ $\frac{1}{2}$ ｝

② もとの 大きさ　｛ $\frac{1}{4}$ ｝

2 下の 色の ついた ところを いくつ あつめると，もとの 大きさに なりますか。

① もとの 大きさ　｛ 3 ｝

② もとの 大きさ　｛ 8 ｝

3 12この ◯が あります。

① 12この $\frac{1}{2}$は 何こですか。｛ 6こ ｝

② 12この $\frac{1}{3}$は 何こですか。｛ 4こ ｝

13

14ページ

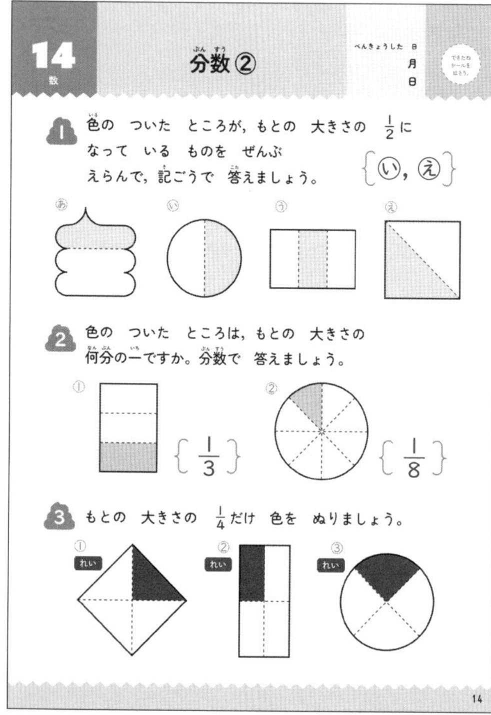

14 数

分数②

べんきょうした日　月　日

できたね シールを はろう。

1 色の ついた ところが，もとの 大きさの $\frac{1}{2}$に なって いる ものを ぜんぶ えらんで，記ごうで 答えましょう。｛ い，え ｝

あ　い　う　え

2 色の ついた ところは，もとの 大きさの 何分の一ですか。分数で 答えましょう。

① ｛ $\frac{1}{3}$ ｝

② ｛ $\frac{1}{8}$ ｝

3 もとの 大きさの $\frac{1}{4}$だけ 色を ぬりましょう。

① れい　② れい　③ れい

14

15ページ

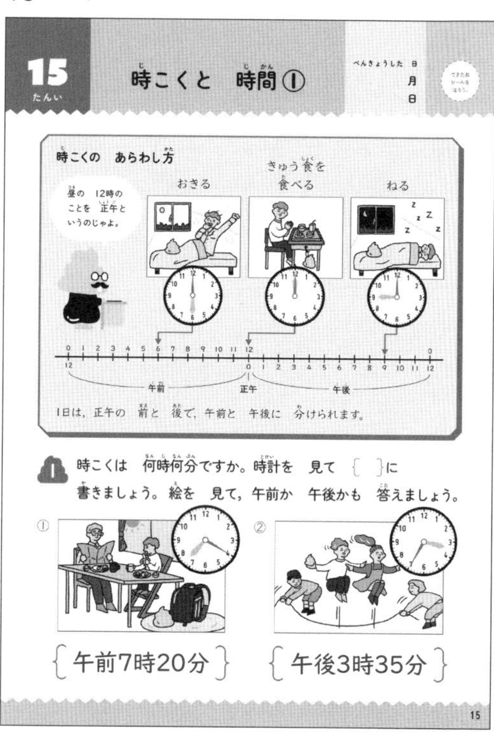

15 たんい

時こくと 時間①

べんきょうした日　月　日

できたね シールを はろう。

時こくの あらわし方

1日は，正午の 前と 後で，午前と 午後に 分けられます。

1 時こくは 何時何分ですか。時計を 見て ｛ ｝に 書きましょう。絵を 見て，午前か 午後かも 答えましょう。

① ｛ 午前7時20分 ｝

② ｛ 午後3時35分 ｝

15

16ページ

16 たんい

時こくと 時間②

べんきょうした日　月　日

できたね シールを はろう。

1 ある 1日の ようすです。時こくは 何時何分ですか。絵を 見て，午前か 午後を つけて 答えましょう。

① ｛ 午前6時50分 ｝

② ｛ 午前9時 ｝

③ ｛ 午前10時15分 ｝

④ ｛ 午後2時40分 ｝

⑤ ｛ 午後8時 ｝

⑥ ｛ 午後9時30分 ｝

16

答え

17ページ

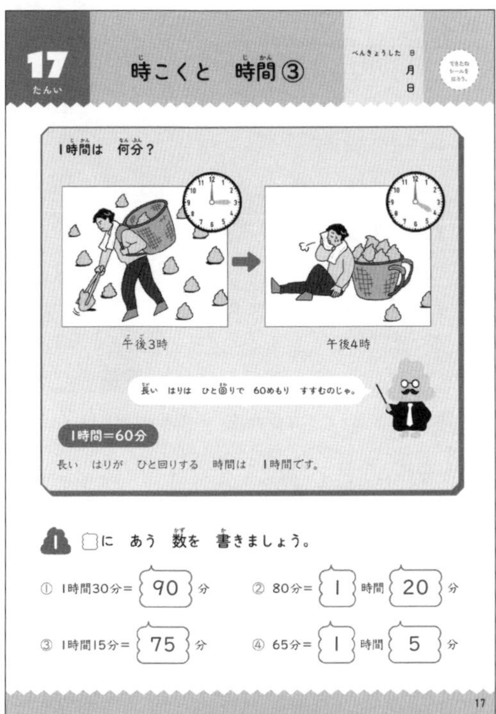
17 たんい

時こくと　時間③

べんきょうした日　月　日

できたね シールを はろう。

1時間は　何分？

午後3時　　午後4時

長い　はりは　ひと回りで　60めもり　すすむのじゃ。

1時間＝60分

長い　はりが　ひと回りする　時間は　1時間です。

1 □に　あう　数を　書きましょう。

① 1時間30分＝ 90 分　　② 80分＝ 1 時間 20 分

③ 1時間15分＝ 75 分　　④ 65分＝ 1 時間 5 分

17

18ページ

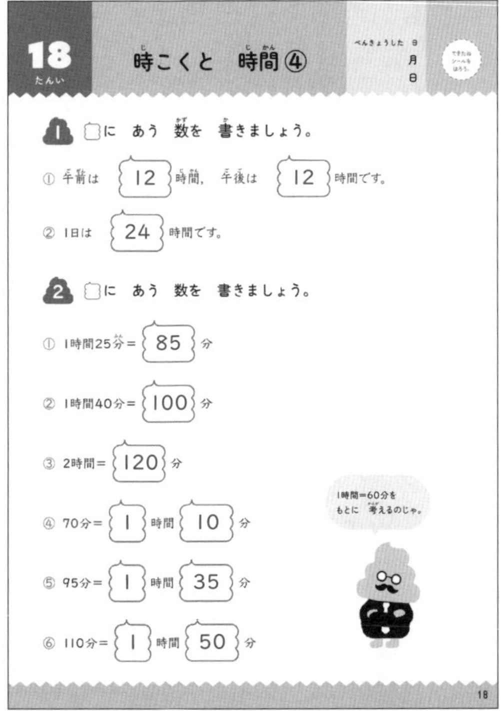
18 たんい

時こくと　時間④

べんきょうした日　月　日

できたね シールを はろう。

1 □に　あう　数を　書きましょう。

① 午前は 12 時間，午後は 12 時間です。

② 1日は 24 時間です。

2 □に　あう　数を　書きましょう。

① 1時間25分＝ 85 分

② 1時間40分＝ 100 分

③ 2時間＝ 120 分

④ 70分＝ 1 時間 10 分

⑤ 95分＝ 1 時間 35 分

⑥ 110分＝ 1 時間 50 分

1時間＝60分を もとに　考えるのじゃ。

18

19ページ

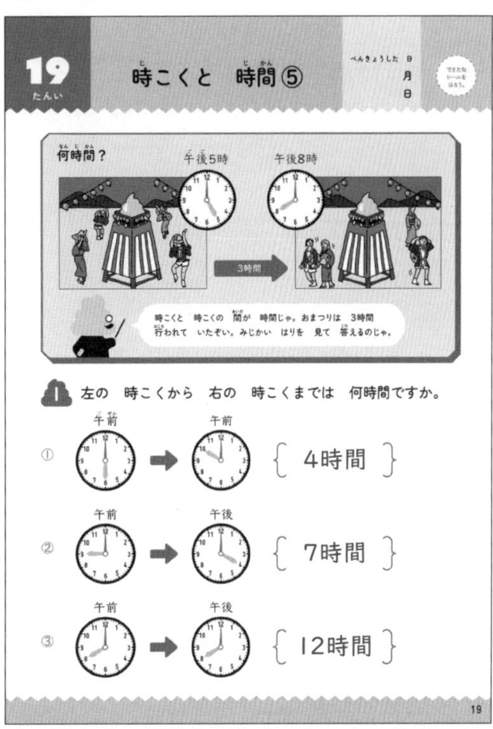
19 たんい

時こくと　時間⑤

べんきょうした日　月　日

できたね シールを はろう。

何時間？

午後5時　　午後8時

3時間

時こくと　時こくの　間が　時間じゃ。おまつりは　3時間 行われて　いたぞい。みじかい　はりを　見て　答えるのじゃ。

1 左の　時こくから　右の　時こくまでは　何時間ですか。

① 午前 → 午前　{ 4時間 }

② 午前 → 午後　{ 7時間 }

③ 午前 → 午後　{ 12時間 }

19

20ページ

20 たんい

時こくと　時間⑥

べんきょうした日　月　日

できたね シールを はろう。

1 公園で　午後3時から 午後5時まで　うんこを　さがして いました。うんこを　さがして いた　時間は　何時間ですか。

答え　2時間

2 うんこを　きれいに　みがいて います。午前11時から　はじめて， 午後2時に　ぴかぴかに　なりました。 ぴかぴかに　なるまでの　時間は 何時間でしたか。

答え　3時間

3 お父さんは　午前7時から 午後9時まで　ずっと　うんこを して　いました。お父さんが うんこを　して　いた　時間は 何時間ですか。

答え　14時間

20

答え

21ページ

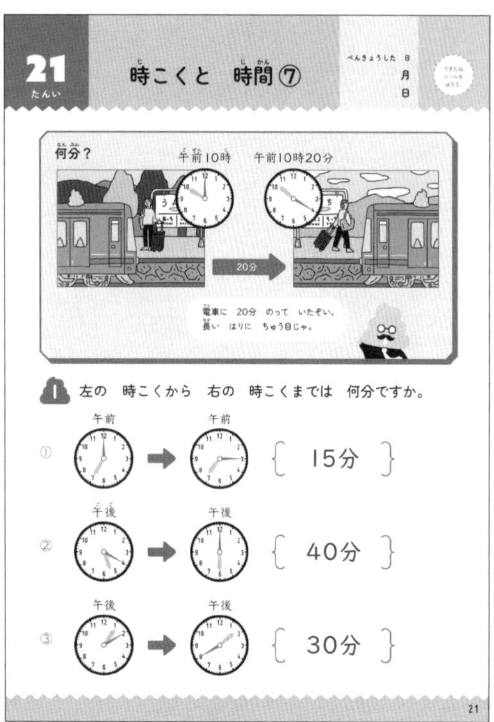

21 たんい

時こくと　時間 ⑦

べんきょうした日　月　日

何分？

午前10時　午前10時20分

20分

電車に　20分　のって　いたぞい。
長い　はりに　ちゅう目じゃ。

1 左の　時こくから　右の　時こくまでは　何分ですか。

① 午前 → 午前　｛ 15分 ｝

② 午後 → 午後　｛ 40分 ｝

③ 午後 → 午後　｛ 30分 ｝

21

22ページ

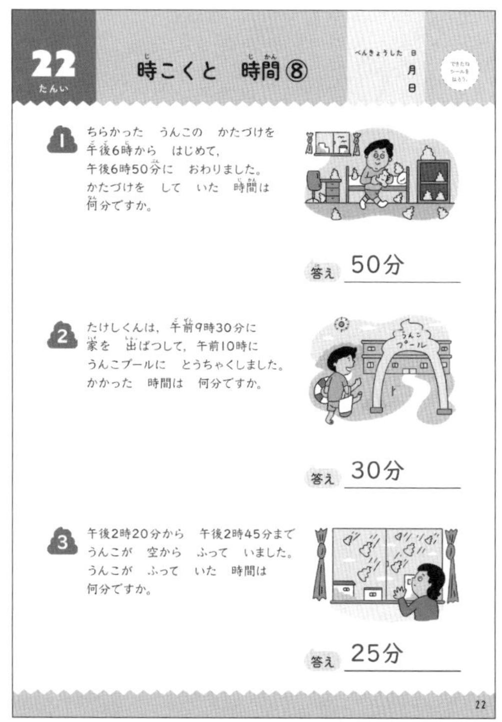

22 たんい

時こくと　時間 ⑧

べんきょうした日　月　日

1 ちらかった　うんこの　かたづけを
午後6時から　はじめて，
午後6時50分に　おわりました。
かたづけを　して　いた　時間は
何分ですか。

答え　50分

2 たけしくんは，午前9時30分に
家を　出ぱつして，午前10時に
うんこプールに　とうちゃくしました。
かかった　時間は　何分ですか。

答え　30分

3 午後2時20分から　午後2時45分まで
うんこが　空から　ふって　いました。
うんこが　ふって　いた　時間は
何分ですか。

答え　25分

22

23ページ

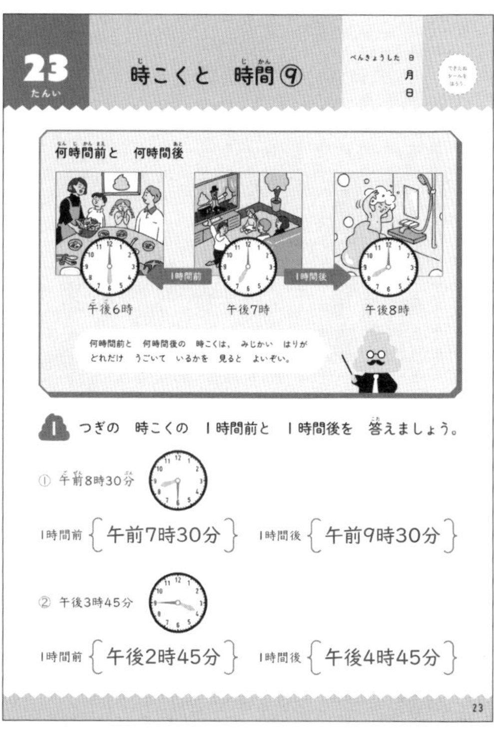

23 たんい

時こくと　時間 ⑨

べんきょうした日　月　日

何時間前と　何時間後

1時間前　1時間後

午後6時　午後7時　午後8時

何時間前と　何時間後の　時こくは，みじかい　はりが
どれだけ　うごいて　いるかを　見ると　よいぞい。

1 つぎの　時こくの　1時間前と　1時間後を　答えましょう。

① 午前8時30分

1時間前｛午前7時30分｝　1時間後｛午前9時30分｝

② 午後3時45分

1時間前｛午後2時45分｝　1時間後｛午後4時45分｝

23

24ページ

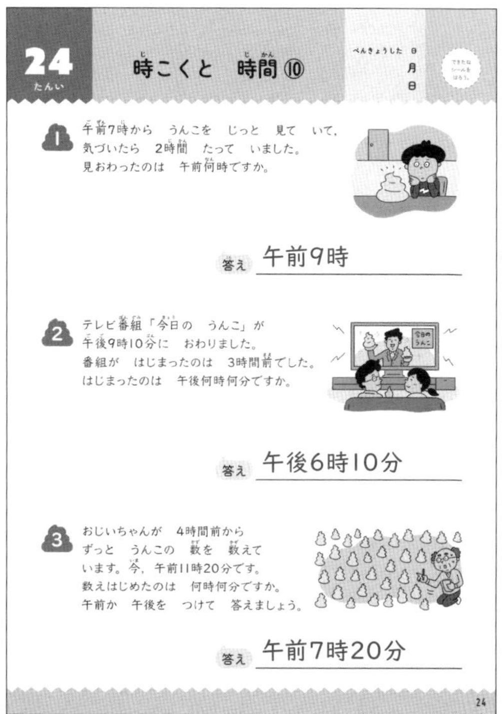

24 たんい

時こくと　時間 ⑩

べんきょうした日　月　日

1 午前7時から　うんこを　じっと　見て　いて，
気づいたら　2時間　たって　いました。
見おわったのは　午前何時ですか。

答え　午前9時

2 テレビ番組「今日の　うんこ」が
午後9時10分に　おわりました。
番組が　はじまったのは　3時間前でした。
はじまったのは　午後何時何分ですか。

答え　午後6時10分

3 おじいちゃんが　4時間前から
ずっと　うんこの　数を　数えて
います。今，午前11時20分です。
数えはじめたのは　何時何分ですか。
午前か　午後を　つけて　答えましょう。

答え　午前7時20分

24

答え

25ページ

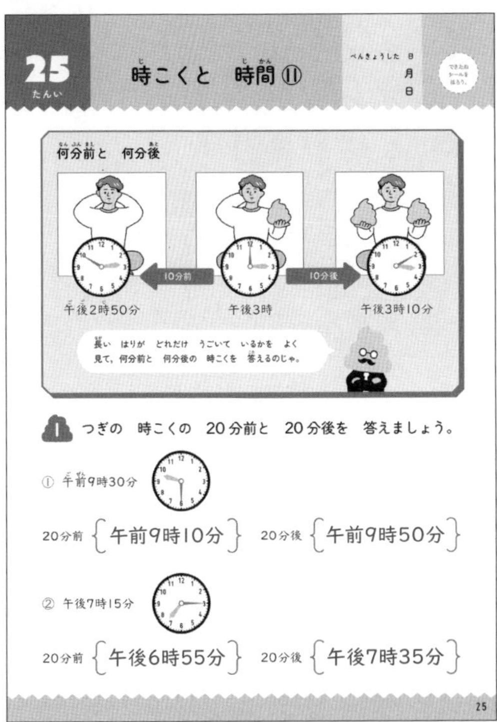

25 たんい
時こくと　時間 ⑪
べんきょうした　日　月　日
何分前と　何分後
10分前
10分後
午後2時50分
午後3時
午後3時10分
長い　はりが　どれだけ　うごいて　いるかを　よく見て、何分前と　何分後の　時こくを　答えるのじゃ。
1 つぎの　時こくの　20分前と　20分後を　答えましょう。
① 午前9時30分
20分前 午前9時10分
20分後 午前9時50分
② 午後7時15分
20分前 午後6時55分
20分後 午後7時35分
25

27ページ

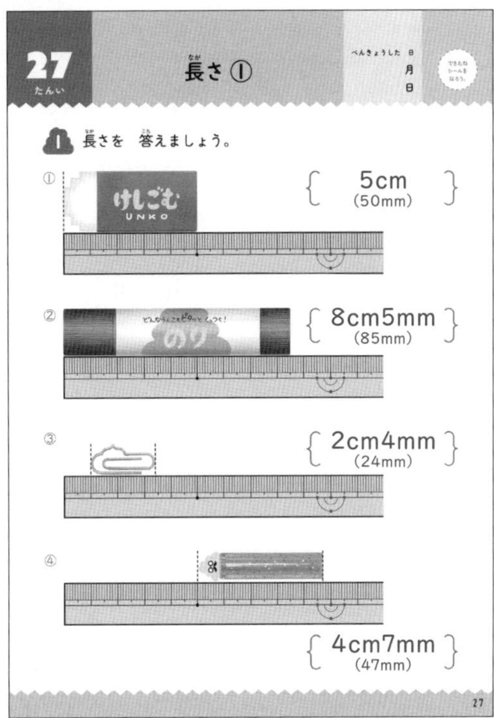

26ページ

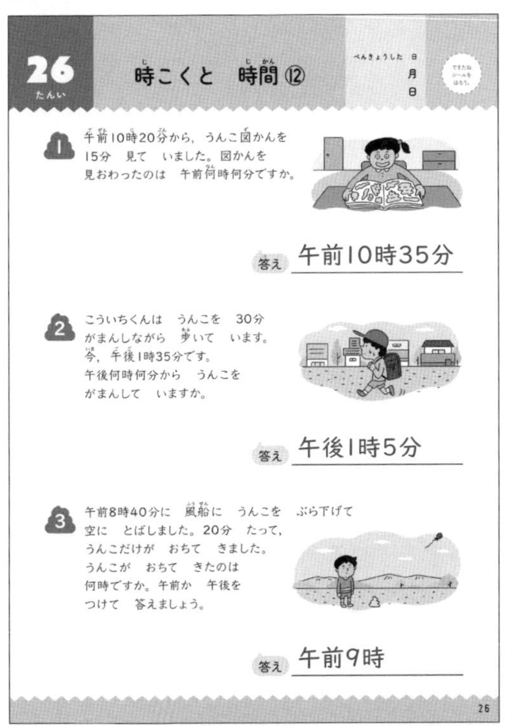

28ページ

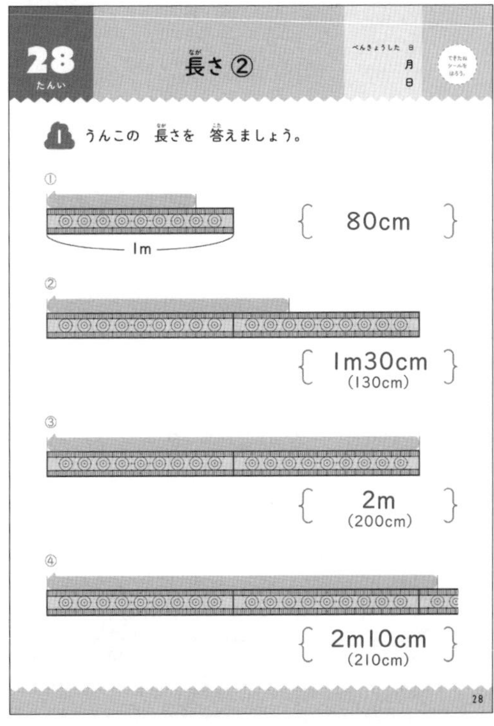

答え

29ページ

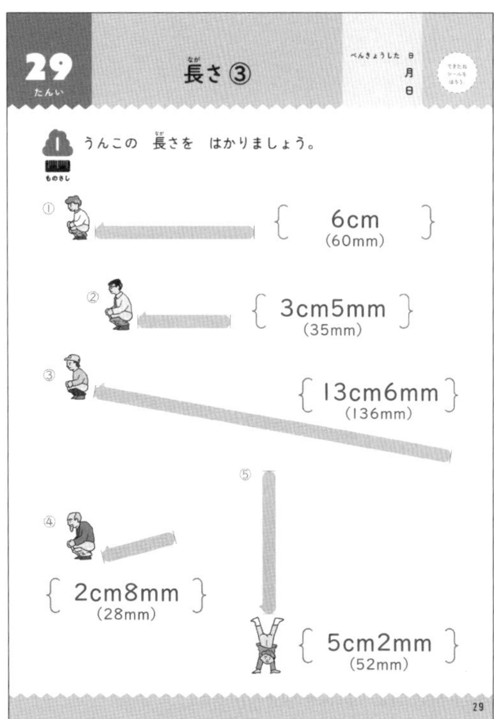

29 たんい 長さ③ べんきょうした日 月 日 できたね シールを はろう。

1 うんこの 長さを はかりましょう。 ものさし

① 6cm (60mm)

② 3cm5mm (35mm)

③ 13cm6mm (136mm)

④ 2cm8mm (28mm)

⑤ 5cm2mm (52mm)

29

31ページ

31 たんい 長さ⑤ べんきょうした日 月 日 できたね シールを はろう。

1 □に あう 数を 書きましょう。

① 3cm= 30 mm　② 80mm= 8 cm

③ 5cm9mm= 59 mm　④ 2cm6mm= 26 mm

⑤ 41mm= 4 cm 1 mm

⑥ 77mm= 7 cm 7 mm

⑦ 10cm= 100 mm　⑧ 500mm= 50 cm

⑨ 68cm= 680 mm

⑩ 135mm= 13 cm 5 mm

31

30ページ

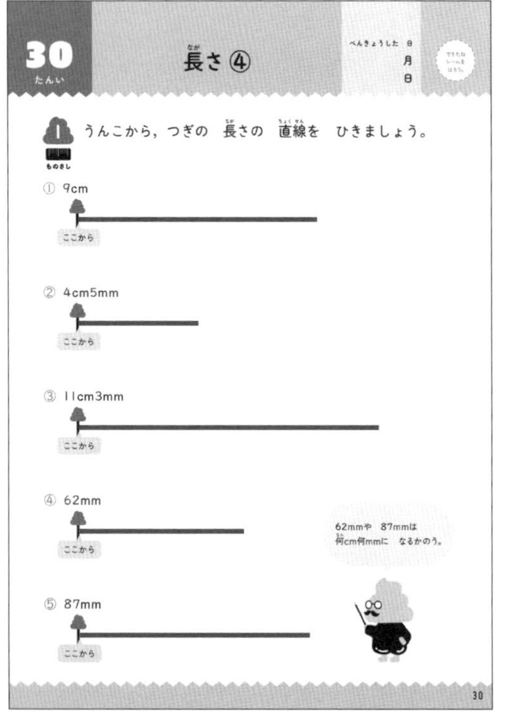

30 たんい 長さ④ べんきょうした日 月 日 できたね シールを はろう。

1 うんこから，つぎの 長さの 直線を ひきましょう。 ものさし

① 9cm ここから

② 4cm5mm ここから

③ 11cm3mm ここから

④ 62mm ここから

⑤ 87mm ここから

30

32ページ

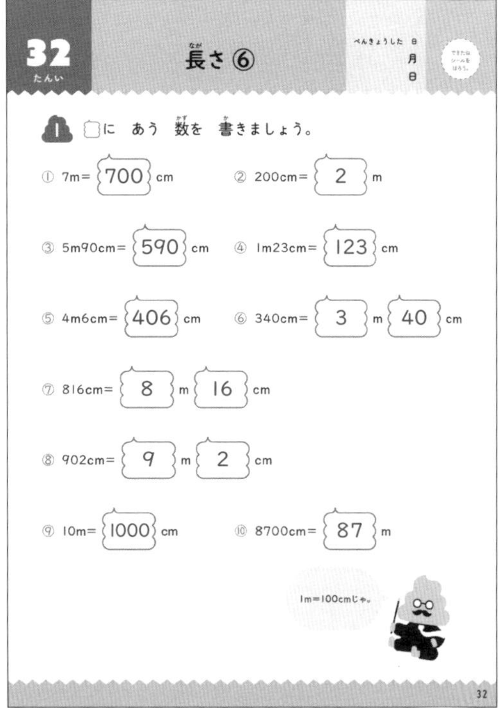

32 たんい 長さ⑥ べんきょうした日 月 日 できたね シールを はろう。

1 □に あう 数を 書きましょう。

① 7m= 700 cm　② 200cm= 2 m

③ 5m90cm= 590 cm　④ 1m23cm= 123 cm

⑤ 4m6cm= 406 cm　⑥ 340cm= 3 m 40 cm

⑦ 816cm= 8 m 16 cm

⑧ 902cm= 9 m 2 cm

⑨ 10m= 1000 cm　⑩ 8700cm= 87 m

32

答え

33ページ

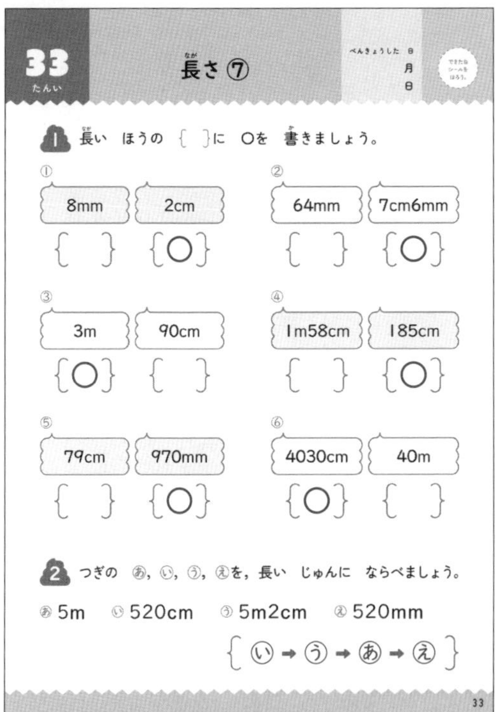

33 たんい
長さ⑦
べんきょうした日 月 日
1 長い ほうの { }に ○を 書きましょう。
① 8mm 2cm { } {○}
② 64mm 7cm6mm { } {○}
③ 3m 90cm {○} { }
④ 1m58cm 185cm { } {○}
⑤ 79cm 970mm { } {○}
⑥ 4030cm 40m {○} { }
2 つぎの あ，い，う，えを，長い じゅんに ならべましょう。
あ 5m い 520cm う 5m2cm え 520mm
{ い → う → あ → え }
33

35ページ

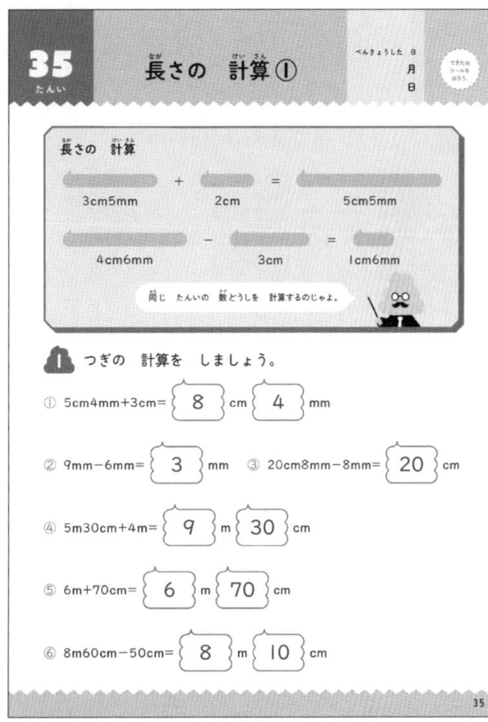

35 たんい
長さの 計算①
べんきょうした日 月 日
長さの 計算
3cm5mm + 2cm = 5cm5mm
4cm6mm − 3cm = 1cm6mm
同じ たんいの 数どうしを 計算するのじゃよ。
1 つぎの 計算を しましょう。
① 5cm4mm+3cm= 8 cm 4 mm
② 9mm−6mm= 3 mm
③ 20cm8mm−8mm= 20 cm
④ 5m30cm+4m= 9 m 30 cm
⑤ 6m+70cm= 6 m 70 cm
⑥ 8m60cm−50cm= 8 m 10 cm
35

34ページ

34 たんい
長さ⑧
べんきょうした日 月 日
1 □に あう 長さの たんいを 書きましょう。
① 教科書の あつさ 7 mm
② 2かいだての 家の 高さ 7 m
③ ショートケーキの 高さ 7 cm
2 □に あう 長さの たんいを 書きましょう。
① ランドセルの たての 長さ 34 cm
② 教室の よこの 長さ 7 m
③ てつぼうの 高さ 110 cm
④ 一円玉の よこの 長さ 20 mm
34

36ページ

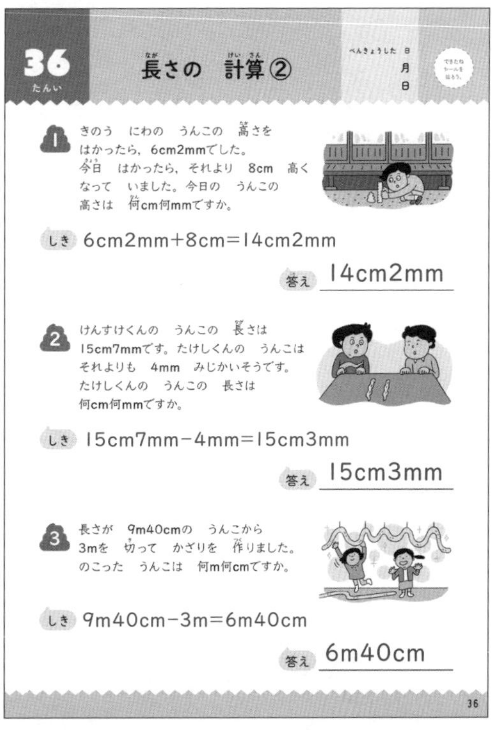

36 たんい
長さの 計算②
べんきょうした日 月 日
1 きのう にわの うんこの 高さを はかったら，6cm2mmでした。今日 はかったら，それより 8cm 高く なって いました。今日の うんこの 高さは 何cm何mmですか。
しき 6cm2mm+8cm=14cm2mm
答え 14cm2mm
2 けんすけくんの うんこの 長さは 15cm7mmです。たけしくんの うんこは それよりも 4mm みじかいそうです。たけしくんの うんこの 長さは 何cm何mmですか。
しき 15cm7mm−4mm=15cm3mm
答え 15cm3mm
3 長さが 9m40cmの うんこから 3mを 切って かざりを 作りました。のこった うんこは 何m何cmですか。
しき 9m40cm−3m=6m40cm
答え 6m40cm
36

答え

37ページ

37 たんい かさ①

べんきょうした 月 日

1 水の かさは 何Lですか。

① {2L} ② {4L} ③ {3L}

2 バケツに 入る 水の かさを くらべます。

① バケツに 入る 水の かさは 何Lですか。

あ {6L} い {5L}

② 水が 多く 入るのは，どちらの バケツですか。 {あ}

37

39ページ

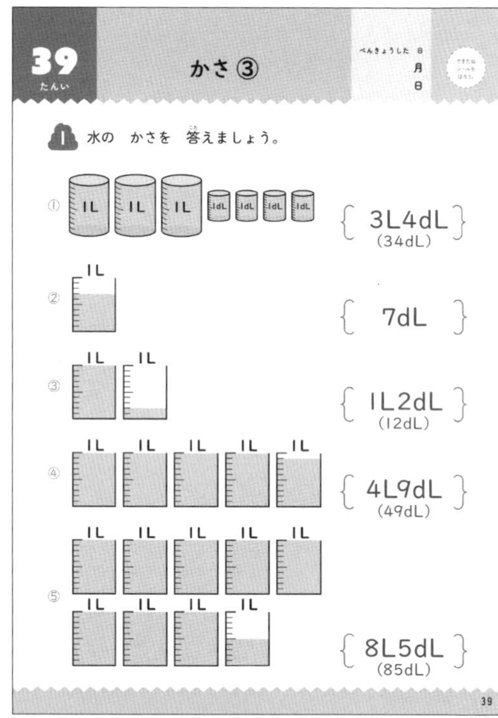

39 たんい かさ③

べんきょうした 月 日

1 水の かさを 答えましょう。

① {3L4dL (34dL)}

② {7dL}

③ {1L2dL (12dL)}

④ {4L9dL (49dL)}

⑤ {8L5dL (85dL)}

39

38ページ

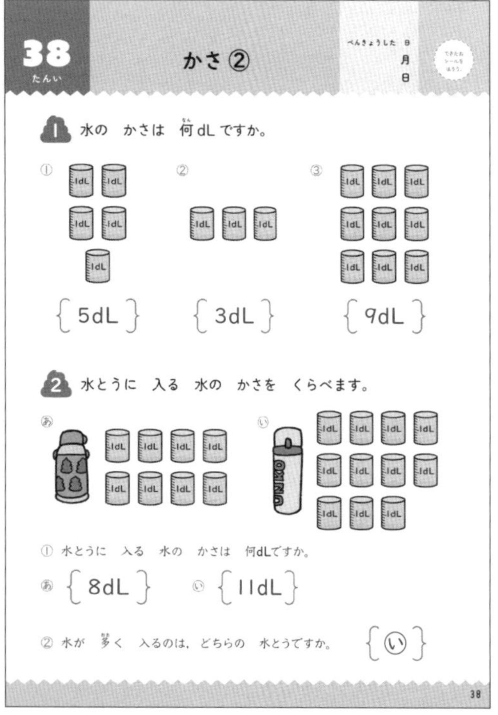

38 たんい かさ②

べんきょうした 月 日

1 水の かさは 何dLですか。

① {5dL} ② {3dL} ③ {9dL}

2 水とうに 入る 水の かさを くらべます。

① 水とうに 入る 水の かさは 何dLですか。

あ {8dL} い {11dL}

② 水が 多く 入るのは，どちらの 水とうですか。 {い}

38

40ページ

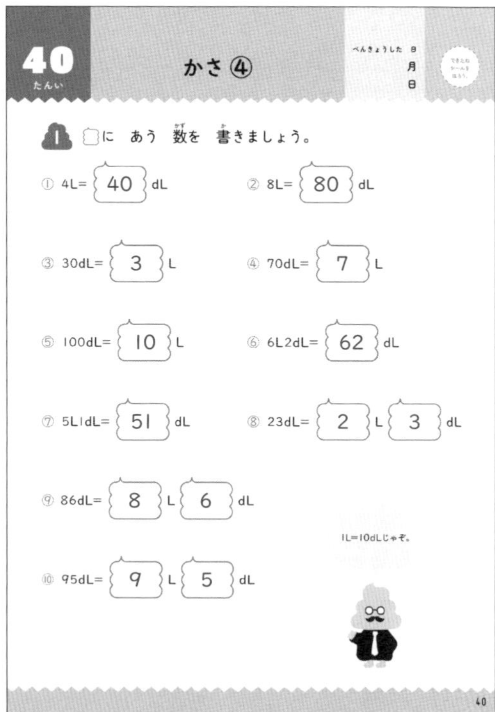

40 たんい かさ④

べんきょうした 月 日

1 □に あう 数を 書きましょう。

① 4L= 40 dL　② 8L= 80 dL

③ 30dL= 3 L　④ 70dL= 7 L

⑤ 100dL= 10 L　⑥ 6L2dL= 62 dL

⑦ 5L1dL= 51 dL　⑧ 23dL= 2 L 3 dL

⑨ 86dL= 8 L 6 dL

⑩ 95dL= 9 L 5 dL

1L=10dLじゃぞ。

40

答え

41ページ

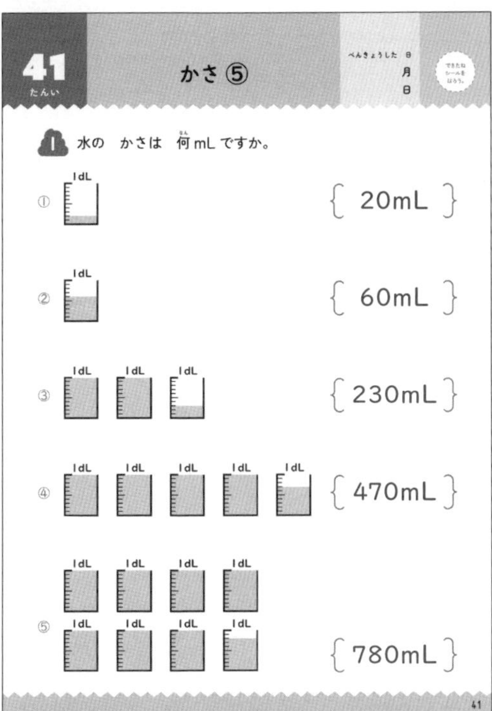

41 たんい　かさ ⑤　べんきょうした日　月　日　できたね シールを はろう。

1 水の　かさは　何 mL ですか。

①  { 20mL }

②  { 60mL }

③ 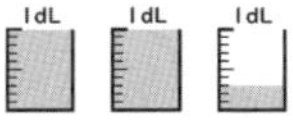 { 230mL }

④  { 470mL }

⑤ 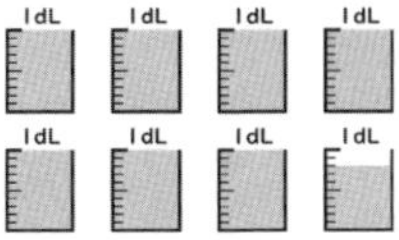 { 780mL }

41

43ページ

43 たんい　かさ ⑦　べんきょうした日　月　日　できたね シールを はろう。

1 左と　右の　かさを　くらべて，□に　あう　>，<を　書きましょう。

① 5L [<] 8L　② 14dL [>] 7dL

③ 3L [>] 29dL　④ 90dL [<] 57L

⑤ 1L6dL [<] 61dL　⑥ 8L7dL [>] 42dL

⑦ 8dL [>] 630mL　⑧ 900mL [<] 1L

2 つぎの　あ，い，う，えを，多い　じゅんに　ならべましょう。

あ 90dL　い 1000mL　う 10L　え 1L9dL

{ う → あ → え → い }

43

42ページ

42 たんい　かさ ⑥　べんきょうした日　月　日　できたね シールを はろう。

1 □に　あう　数を　書きましょう。

① 3dL= [300] mL　② 8dL= [800] mL

③ 10dL= [1000] mL　④ 500mL= [5] dL

⑤ 700mL= [7] dL　⑥ 1400mL= [14] dL

⑦ 1L= [1000] mL　⑧ 6L= [6000] mL

⑨ 2000mL= [2] L　⑩ 9000mL= [9] L

1dL=100mL
1L=1000mL
なのじゃ。

42

44ページ

44 たんい　かさ ⑧　べんきょうした日　月　日　できたね シールを はろう。

1 □に　あう　かさの　たんいを　書きましょう。

① バケツに　入った　水  8 [L]

② ようきに　入った　目ぐすり  8 [mL]

③ 水とうに　入った　お茶  8 [dL]

2 □に　あう　かさの　たんいを　書きましょう。

① おふろに　入った　水  200 [L]

② びんに　入った　しょうゆ  5 [dL]

③ かんに　入った　ジュース  350 [mL]

④ コップに　入った　水  3 [dL]

44

答え

45ページ

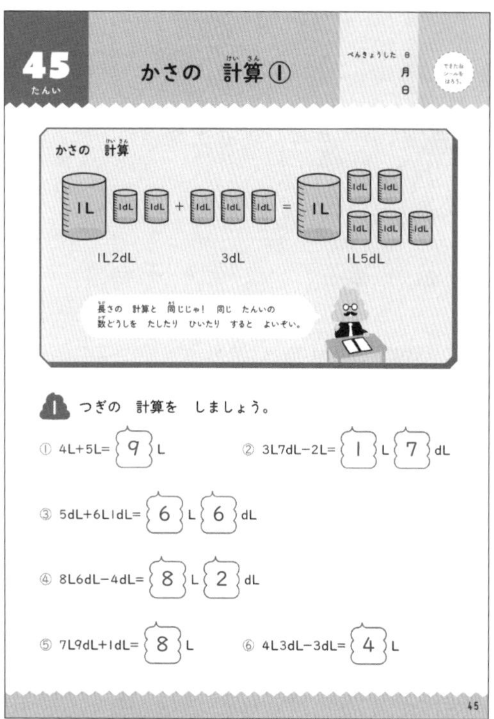

45 たんい

かさの　計算①

べんきょうした　日　月　日

できたね シールを はろう。

かさの　計算

長さの　計算と　同じじゃ！　同じ　たんいの　数どうしを　たしたり　ひいたり　すると　よいぞい。

1 つぎの　計算を　しましょう。

① 4L+5L=（9）L　　② 3L7dL−2L=（1）L（7）dL

③ 5dL+6L1dL=（6）L（6）dL

④ 8L6dL−4dL=（8）L（2）dL

⑤ 7L9dL+1dL=（8）L　　⑥ 4L3dL−3dL=（4）L

45

47ページ

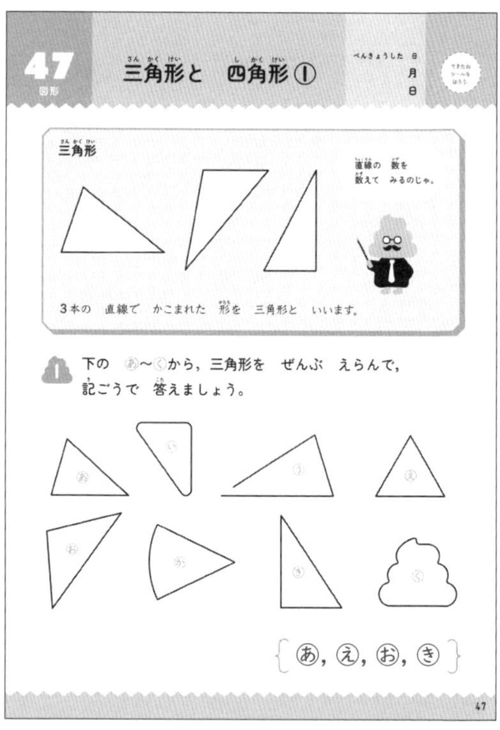

47 図形

三角形と　四角形①

べんきょうした　日　月　日

できたね シールを はろう。

三角形

直線の　数を　数えて　みるのじゃ。

3本の　直線で　かこまれた　形を　三角形と　いいます。

1 下の　あ〜くから，三角形を　ぜんぶ　えらんで，記ごうで　答えましょう。

（あ，え，お，き）

47

46ページ

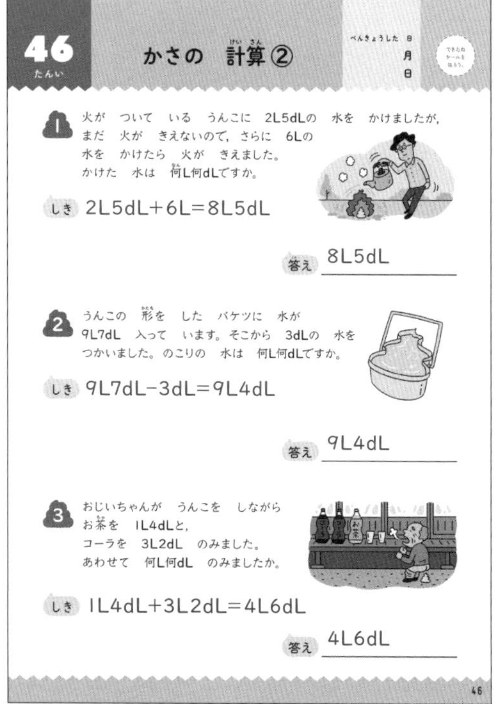

46 たんい

かさの　計算②

べんきょうした　日　月　日

できたね シールを はろう。

1 火が　ついて　いる　うんこに　2L5dLの　水を　かけましたが，まだ　火が　きえないので，さらに　6Lの　水を　かけたら　火が　きえました。かけた　水は　何L何dLですか。

しき　2L5dL+6L=8L5dL

答え　8L5dL

2 うんこの　形を　した　バケツに　水が　9L7dL　入って　います。そこから　3dLの　水を　つかいました。のこりの　水は　何L何dLですか。

しき　9L7dL−3dL=9L4dL

答え　9L4dL

3 おじいちゃんが　うんこを　しながら　お茶を　1L4dLと，コーラを　3L2dL　のみました。あわせて　何L何dL　のみましたか。

しき　1L4dL+3L2dL=4L6dL

答え　4L6dL

46

48ページ

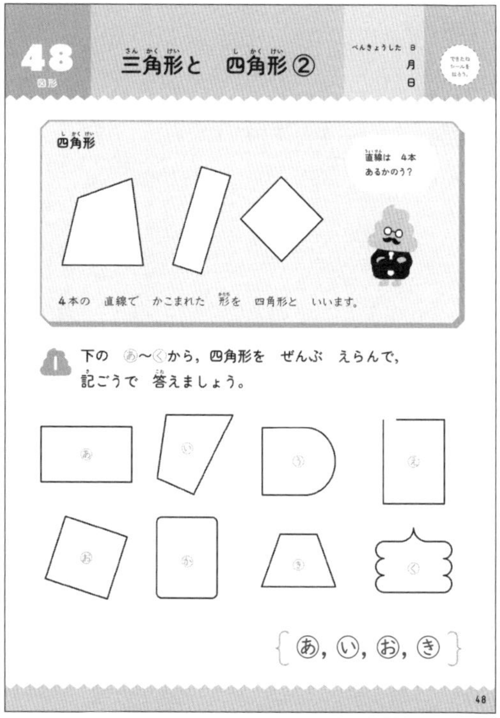

48 図形

三角形と　四角形②

べんきょうした　日　月　日

できたね シールを はろう。

四角形

直線は　4本　あるかのう？

4本の　直線で　かこまれた　形を　四角形と　いいます。

1 下の　あ〜くから，四角形を　ぜんぶ　えらんで，記ごうで　答えましょう。

（あ，い，お，き）

48

答え

49ページ

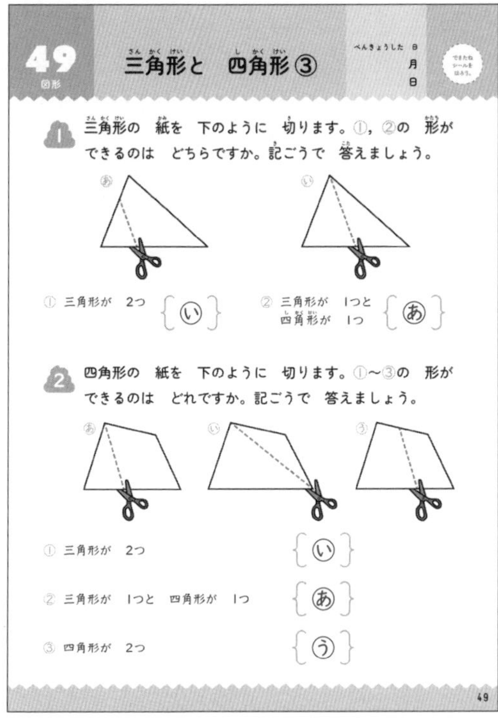

51ページ

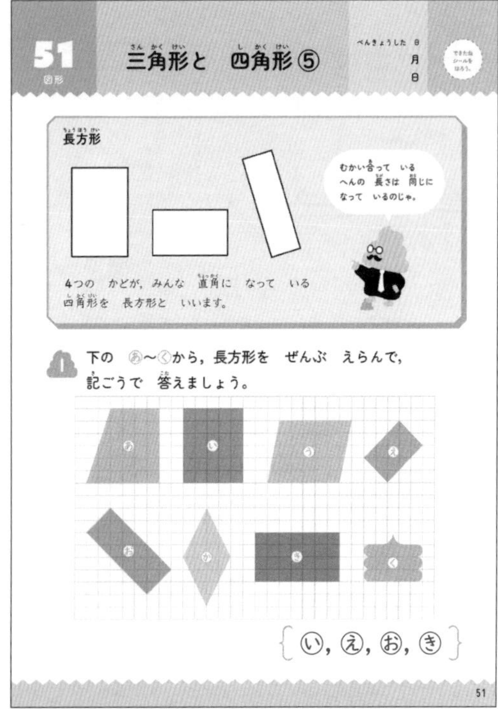

50ページ

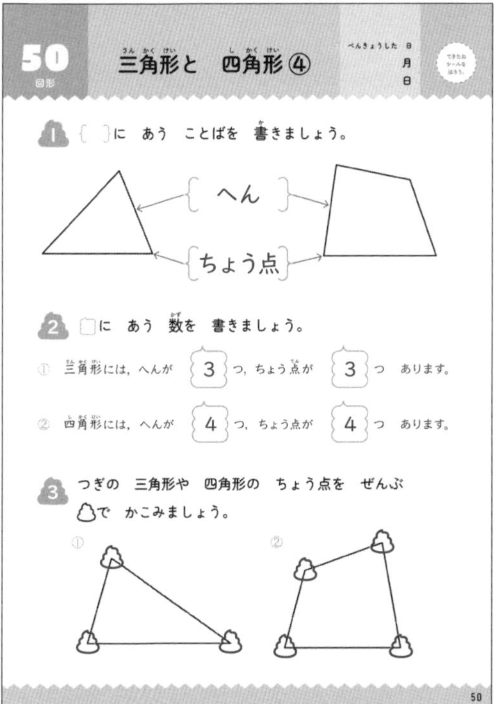

52ページ

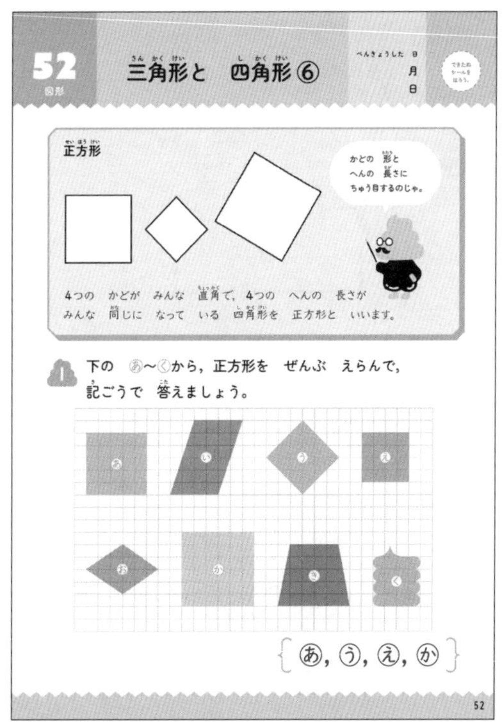

答え

53ページ

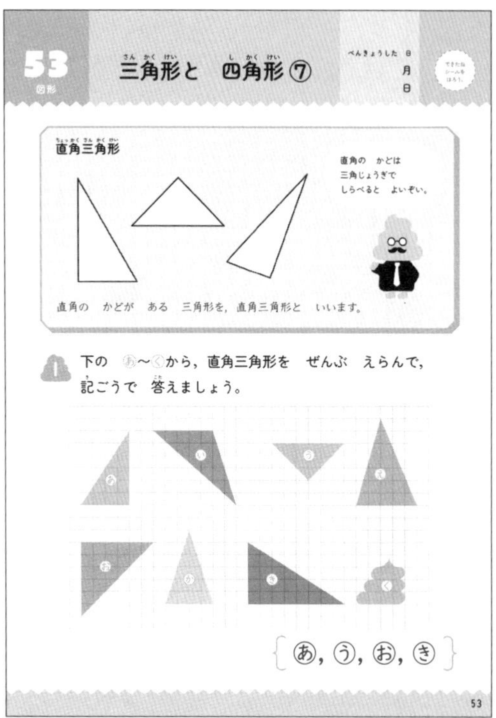

55ページ

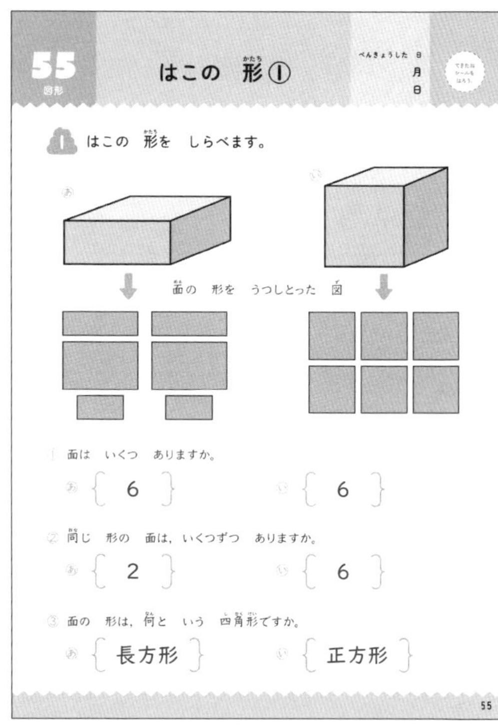

54ページ

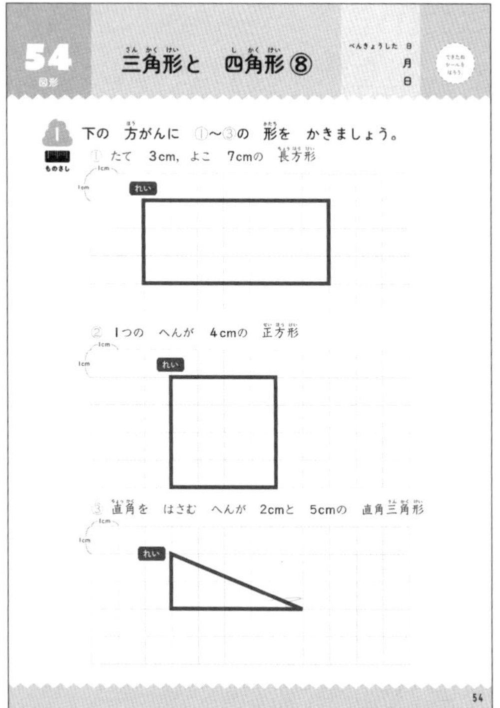

56ページ

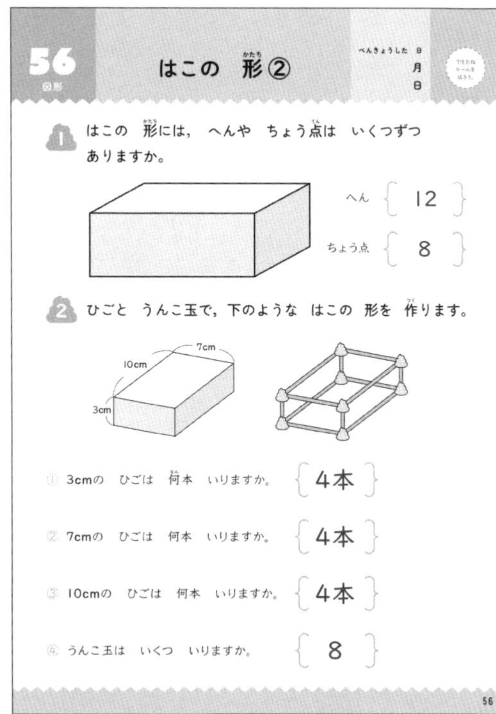

答え

57ページ

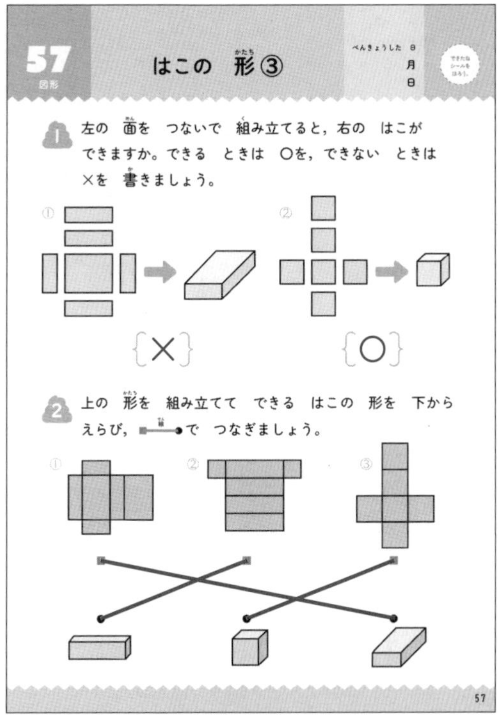

57 図形

はこの 形③

べんきょうした 日 月 日

できたら シールを はろう。

1 左の 面を つないで 組み立てると，右の はこが できますか。できる ときは ○を，できない ときは ×を 書きましょう。

① {×}　② {○}

2 上の 形を 組み立てて できる はこの 形を 下から えらび，●—●で つなぎましょう。

① ② ③

57

58ページ

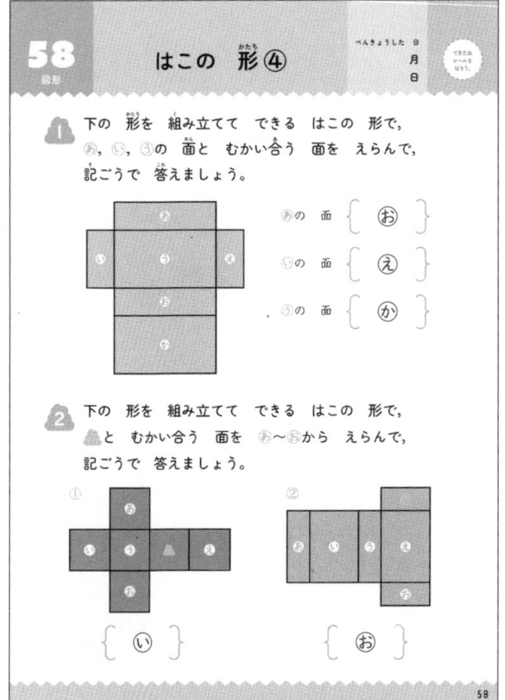

58 図形

はこの 形④

べんきょうした 日 月 日

できたら シールを はろう。

1 下の 形を 組み立てて できる はこの 形で，あ，い，うの 面と むかい合う 面を えらんで，記ごうで 答えましょう。

あの 面 {お}

いの 面 {え}

うの 面 {か}

2 下の 形を 組み立てて できる はこの 形で，と むかい合う 面を あ～おから えらんで，記ごうで 答えましょう。

① {い}　② {お}

58

59ページ

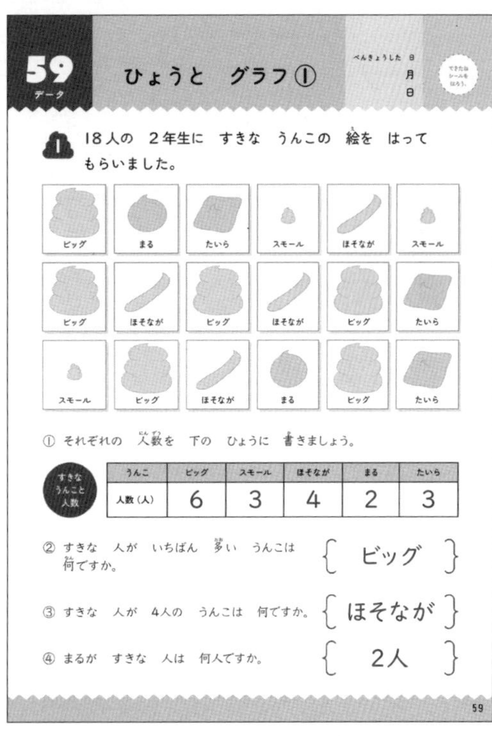

59 データ

ひょうと グラフ①

べんきょうした 日 月 日

できたら シールを はろう。

1 18人の 2年生に すきな うんこの 絵を はって もらいました。

① それぞれの 人数を 下の ひょうに 書きましょう。

すきな うんこと 人数

うんこ	ビッグ	スモール	ほそなが	まる	たいら
人数（人）	6	3	4	2	3

② すきな 人が いちばん 多い うんこは 何ですか。{ビッグ}

③ すきな 人が 4人の うんこは 何ですか。{ほそなが}

④ まるが すきな 人は 何人ですか。{2人}

59

60ページ

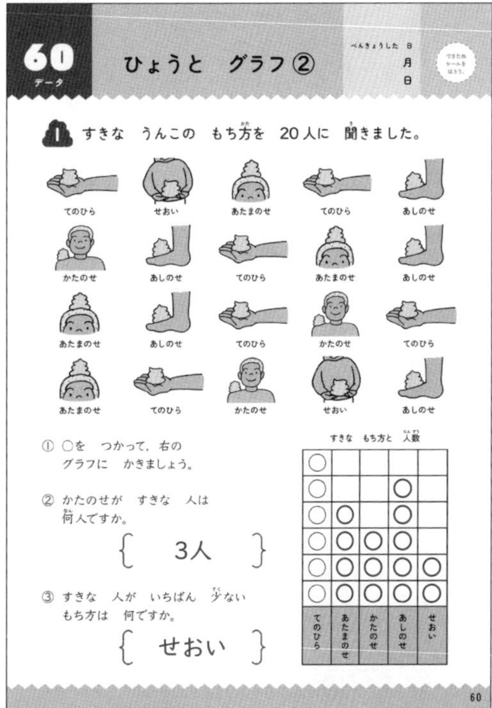

60 データ

ひょうと グラフ②

べんきょうした 日 月 日

できたら シールを はろう。

1 すきな うんこの もち方を 20人に 聞きました。

① ○を つかって，右の グラフに かきましょう。

② かたのせが すきな 人は 何人ですか。{3人}

③ すきな 人が いちばん 少ない もち方は 何ですか。{せおい}

すきな もち方と 人数

○				
○			○	
○	○		○	
○	○	○	○	
○	○	○	○	○
○	○	○	○	○
てのひら	あたまのせ	かたのせ	あしのせ	せおい

60

答(こた)え

61ページ

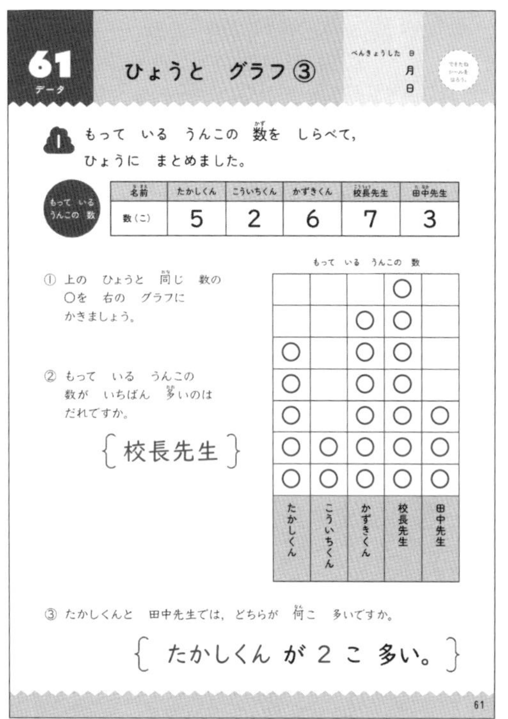

61 データ ひょうと グラフ③

べんきょうした 日 月 日

できたら シールを はろう。

1 もって いる うんこの 数を しらべて、ひょうに まとめました。

もって いる うんこの 数

名前	たかしくん	こういちくん	かずきくん	校長先生	田中先生
数（こ）	5	2	6	7	3

① 上の ひょうと 同じ 数の ○を 右の グラフに かきましょう。

もって いる うんこの 数

たかしくん	こういちくん	かずきくん	校長先生	田中先生
○○○○○	○○	○○○○○○	○○○○○○○	○○○

② もって いる うんこの 数が いちばん 多いのは だれですか。

｛ 校長先生 ｝

③ たかしくんと 田中先生では、どちらが 何こ 多いですか。

｛ たかしくん が 2 こ 多い。 ｝

63ページ

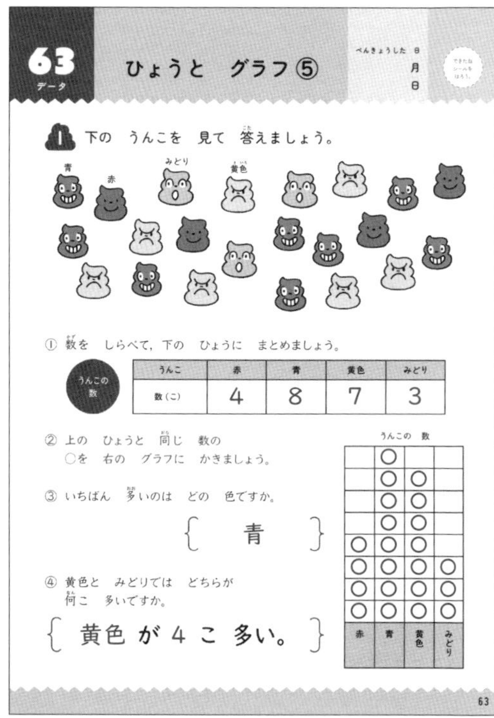

63 データ ひょうと グラフ⑤

べんきょうした 日 月 日

できたら シールを はろう。

1 下の うんこを 見て 答えましょう。

① 数を しらべて、下の ひょうに まとめましょう。

うんこの 数

うんこ	赤	青	黄色	みどり
数（こ）	4	8	7	3

② 上の ひょうと 同じ 数の ○を 右の グラフに かきましょう。

うんこの 数

赤	青	黄色	みどり
○○○○	○○○○○○○○	○○○○○○○	○○○

③ いちばん 多いのは どの 色ですか。

｛ 青 ｝

④ 黄色と みどりでは どちらが 何こ 多いですか。

｛ 黄色 が 4 こ 多い。 ｝

62ページ

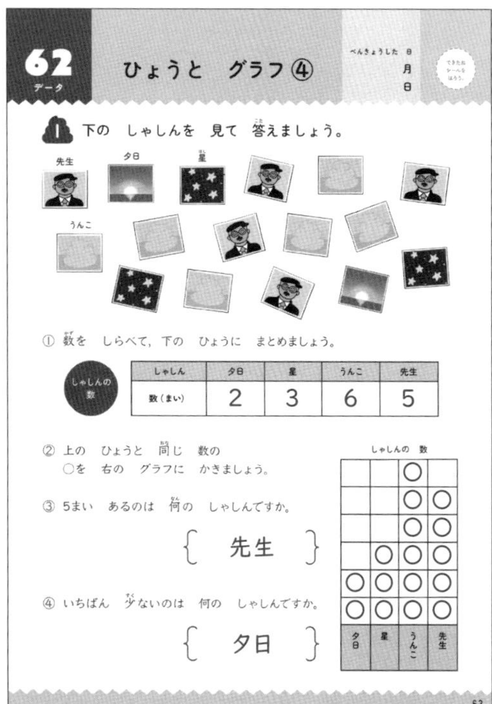

62 データ ひょうと グラフ④

べんきょうした 日 月 日

できたら シールを はろう。

1 下の しゃしんを 見て 答えましょう。

① 数を しらべて、下の ひょうに まとめましょう。

しゃしんの 数

しゃしん	夕日	星	うんこ	先生
数（まい）	2	3	6	5

② 上の ひょうと 同じ 数の ○を 右の グラフに かきましょう。

しゃしんの 数

夕日	星	うんこ	先生
○○	○○○	○○○○○○	○○○○○

③ 5まい あるのは 何の しゃしんですか。

｛ 先生 ｝

④ いちばん 少ないのは 何の しゃしんですか。

｛ 夕日 ｝

64ページ

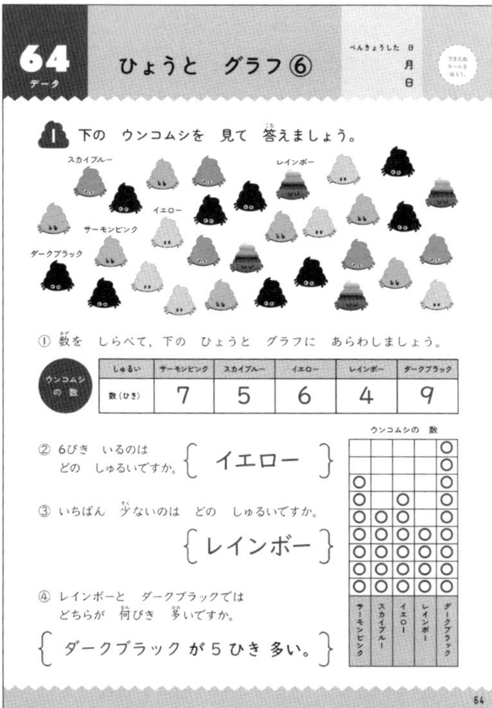

64 データ ひょうと グラフ⑥

べんきょうした 日 月 日

できたら シールを はろう。

1 下の ウンコムシを 見て 答えましょう。

① 数を しらべて、下の ひょうと グラフに あらわしましょう。

ウンコムシの 数

しゅるい	サーモンピンク	スカイブルー	イエロー	レインボー	ダークブラック
数（ひき）	7	5	6	4	9

ウンコムシの 数

サーモンピンク	スカイブルー	イエロー	レインボー	ダークブラック
○○○○○○○	○○○○○	○○○○○○	○○○○	○○○○○○○○○

② 6ぴき いるのは どの しゅるいですか。

｛ イエロー ｝

③ いちばん 少ないのは どの しゅるいですか。

｛ レインボー ｝

④ レインボーと ダークブラックでは どちらが 何びき 多いですか。

｛ ダークブラック が 5 ひき 多い。 ｝

読む順番

矢印の順番に読んでください

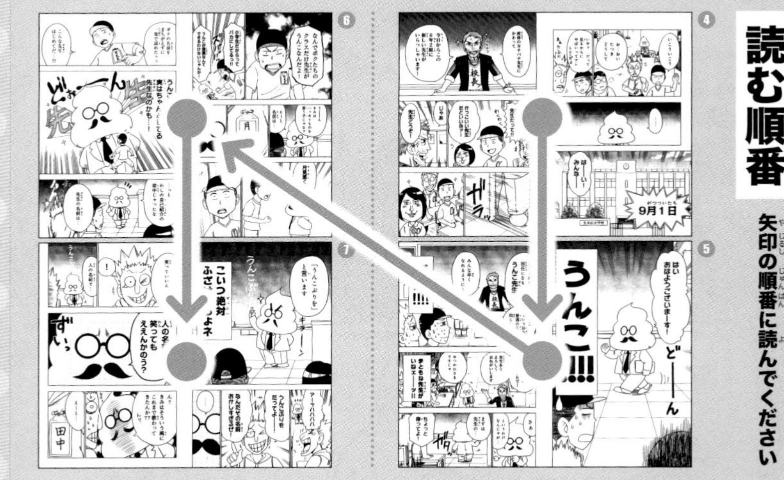

↓ではここから！『おはよう！うんこ先生』第1話 スタートです！

2

登場人物紹介

うんこ先生
ある日とつぜん主手山小学校6年2組にやってきたナゾの先生！

月見里たつき
主手山小6年2組の男子。うんこが担任なんてイヤだ！と主張するが…？

田中ともひこ
通称トッコ。たつきといつも一緒に遊んでいる。

ボクらが先生と出会ったのは…
8月31日
夏休み最後の暑い日のことだった――
あっちぃ～
あ～あっちいな～
あつい…
ん？
あれは…
もう市営プールもやってないしな～
ポヤ～～ン
おお！
あんなところにでっかいソフトクリームが!!

3

どー―ん
うんこ???
しかも服きてる…
ハァハァ
なんだよキモチ悪い…
帰ろ帰ろ
あ――ちょっとちょっときみたち
しゃべったね…
このあたりに主手山小学校という学校はないかのう
！
ボクたちの小学校だ…
そんな学校知らないなァ
えっ
あ～それな…
スッ

4

9月1日
はーーい!
みんなー
主手山小学校
……
いこういこう
お…おい たつき どうして
いやァ だって 見るからに やばいってアレ うんこだよ
まぁたしかに
産休のタチバナ先生に かわって
イケメン
今日からこの 6年2組に 新しい先生が いらっしゃいます!
ガラッ
おっ! 新しい 先生だって!!
わくわく
かっこいい先生 だといいなァー
じゃあ
先生どうぞ!

5

はい おはようございまーす!
どーーん
うんこ!!!!
こちら新しく 担任になる うんこ先生です
うんこ という以外は 普通の先生と 同じなので
みんな早く なれるように〜
みなさん よろしくですじゃ
無理!!!!
じゃあ私は 日焼けサロンに 行くのでこれでー
先生あと よろしく おねがいします
おつかれさま ですじゃ
まともな先生が いねェーーッ!!
さぁ
というわけ なんじゃが…
まずは 先生の…
ちょっと 待ってよ!
ガタッ

6

なんでボクたちの クラスだけ先生が うんこなんだよ!
小学生だからって バカにしてるっ!!
ズバババ
うんこが授業なんて できるわけないじゃんか!
うーーん きみは ハッキリものを 言う子じゃなァ
えーと 名前は…
月見里
月見里くんか
…!
ボ…
…っと わしの自己紹介の 途中じゃったな
先生の名前は…
ボクの名前を まちがえずに 一発で読めたッッ
こんな先生 はじめてだ…!!!
どぉーーん
うんこだけど 実はちゃんとしてる 先生なのかも…!
先生

7

「うんこぶりを」 と言います
キラーン
うんこぶりを
こいつ絶対 ふざけてるよネ
アーッハハハハ
うんこぶりを だってよーー!
なんだその名前 おかしすぎるぜ!
……
笑っていいんかのう
!
人の名前で…
うんこぶり…
人の名前で 笑っても ええんかのう?
ずいっ
ん? きみはそういう風に これまで教わって きたんか?? ん?
ちげェ
えーと…
田中

田中くん…
ブフッ
ふつう!!!
ぶばっ
たなかて!!
失礼な奴だな!!!
わしが困っとったのに学校の場所を教えてくれんかった…
困っとる人には親切にせんといかんじゃろ?
だ…だって
ところできみたちは…
昨日わしにウソをついたのう
コホン
怪しかったからだよ!!
あんなとこにうんこなんか座ってたら逃げるに決まってるじゃん!!!
あ
このあたりに小学校という学校はないかのう
そんな学校知らないなぁ
えっ
そういえば…!!
あ…あやしい…
わしが…
!!

ただうんこってだけじゃろ…???
ガーーン
それで十分だ!!!!!
うーむどうも日本は遅れとっていかん
もう海外では人とうんこは半々くらいなんじゃが…
ピキキッ
さらっとうそをつくな!!!
まぁぁえ!!
とにかくわしはうんこじゃがちゃんとした先生なのじゃ!!
わしが担任になったからには…
きみらを
ナンバーワンにしちゃうのじゃぞい!!!!
くるっ
ナ…
ナンバーワン…!!!
本当に…??
もちじゃッ!!
わしには見えるぞい!
きみらがこの町…いや!
この県…いや!
この日本でナンバーワンの…

おすもうさんになっとる姿が!!!!
ワー ワー
なぜ!!!!!!?
もういいよ!
絶対ふざけてるこのバカうんこ!!
ふつうの先生がいいよ! 校長先生に言いに行こう
待ってくれ待ってくれ!!
ちょちょちょ
ドドド
ゾロゾロ
わしを先生として認めるかどうか…
これを見てから判断してほしいのじゃ!
ぐ…
ふつうの先生には…
絶対にこんなことできんぞい!!
おおお~~!!!

ぼわんっ
ひげ濃くなっただけ~~~ッ!!!?!
そしてキモイ!
しかもなんか死にかけてる!!!!
UPをつかいすぎた…
バタリ
ちぇっ
なんだよ変身でもするのかと思ったじゃん
それならちょっと面白かったのに!!
オレもビーム光線とか出るのかと思ったぜ
出るわけないでしょ! バカばっかね
変身とビームくらいなら…
ゴワッ
……

12

ビュッ

どかあん

こんなんでええなら…

ひゅん…

ブワーン!!

うんこ

13

バカ男子!!!

キラ キラ キラ キラ キラ キラ

もうっ! 何してるのよ!!

ペシコーン

ペシコン

てっ!

いかんいかん なんかペースに ハメられてる!

ふり

……

えッ!?

だ…だって先生だろ!? 先生はちゃんとしてて

ボクたちに勉強を 教えるのが仕事だ!

ふ…ふむそうか 先生ってちゃんと しとらんと ダメかいな?

当たり前だろ!

絶対おかしい!

こんなふざけてる 先生ダメだよ!

……

何で先生が ふざけてたら

いかんのじゃ?

14

「先生とは こうでないと」

「勉強はまじめに やらないと」

「男は 強くないと」 「女はお料理が できないと」

誰がそんなの 決めたんじゃ?

もともと そんなルール ないのに…

勝手に息苦しく しとらんかい?!!

「みんなが こう言うから」 じゃなくて 自分の頭で 考えてみること

わしはそれが 一番大事だと 思うぞい!

先生…!!

たしかにそうだ ボクたちはいつのまにか 大切なことを 忘れていたのかもしれない!

なんか… うんこが先生でも いいような気が してきたよ!

気軽に 「うんこ先生」と 呼んでくれい

うんこ先生~!!

ありがと なのじゃ!

では…

コホン

さっそくじゃが 授業を始めても ええかの

うん!!

ほんじゃ 最初の授業は…

15

すもうじゃ!!

なんでなの!!!!!

がっぷり

すもうをとりながら ボクは思った…

この先生 うんこだけど…

次はわしが 相手じゃ

いちに ついて

いやそれ 別の競技!

どーーん

けっこう 面白いかも!

〈おはよう!うんこ先生・第1話/おわり〉

うんこドリルセット購入者限定！

学習に役立つ

特別ふろく付き

シール付うんこノート

⬇ ご購入は各QRコードから ⬇

	小学1年生	小学2年生	小学3年生
漢字セット	漢字セット 2冊 かん字/かん字もんだいしゅう編	漢字セット 2冊 かん字/かん字もんだいしゅう編	漢字セット 2冊 漢字/漢字問題集編
算数セット	算数セット 3冊 たしざん/ひきざん 文しょうだい	算数セット 4冊 たし算/ひき算/かけ算 文しょうだい	算数セット 4冊 たし算・ひき算/かけ算 わり算/文章題
オールインワンセット（全部入り！）	オールインワンセット 7冊 かん字/かん字もんだいしゅう編 たしざん/ひきざん/文しょうだい アルファベット・ローマ字/英単語	オールインワンセット 8冊 かん字/かん字もんだいしゅう編 たし算/ひき算/かけ算/文しょうだい アルファベット・ローマ字/英単語	オールインワンセット 8冊 漢字/漢字問題集編/たし算・ひき算 かけ算/わり算/文章題 アルファベット・ローマ字/英単語

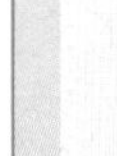

※セットによって特別ふろくの内容は異なります。